计算机网络安全技术与保护策略研究

李 莹 杨春哲 吕亚娟 著

北京工业大学出版社

图书在版编目（CIP）数据

计算机网络安全技术与保护策略研究 / 李莹，杨春哲，吕亚娟著 . —北京：北京工业大学出版社，2018.12（2022.5 重印）
ISBN 978-7-5639-6685-1

Ⅰ．①计… Ⅱ．①李… ②杨… ③吕… Ⅲ．①计算机网络－安全技术－研究 Ⅳ．① TP393.08

中国版本图书馆 CIP 数据核字（2019）第 023850 号

计算机网络安全技术与保护策略研究

著　者：	李　莹　杨春哲　吕亚娟
责任编辑：	张　贤
封面设计：	点墨轩阁
出版发行：	北京工业大学出版社
	（北京市朝阳区平乐园 100 号　邮编：100124）
	010-67391722（传真）　bgdcbs@sina.com
经销单位：	全国各地新华书店
承印单位：	三河市明华印务有限公司
开　　本：	787 毫米 ×1092 毫米　1/16
印　　张：	13
字　　数：	260 千字
版　　次：	2018 年 12 月第 1 版
印　　次：	2022 年 5 月第 3 次印刷
标准书号：	ISBN 978-7-5639-6685-1
定　　价：	59.80 元

版权所有　　翻印必究

（如发现印装质量问题，请寄本社发行部调换 010-67391106）

前 言

伴随着计算机技术和通信技术的发展，计算机网络作为主要的信息交换手段已然渗透到了社会生活的各个领域。许多关系到国计民生的重要行业，如金融、电信、电力、交通、医疗卫生、应急、国防等的信息系统，都是基于网络而运行的。许多重要的信息存储在计算机网络上，一旦这些信息泄露出去将造成无法估量的损失。针对网络信息泄露这一问题，究其原因主要在于：一是有许多入侵者千方百计想"看"到一些他们关心的数据或者信息；二是网络自身存在安全隐患才使得入侵者得逞。因此，认清计算机网络的脆弱性和潜在威胁以及现实客观存在的各种安全问题，进而针对问题采取强有力的安全策略，保障网络信息的安全，是每一个国家以及每一个团体和个人必须正视的事情。

网络信息安全问题作为一大社会热点问题处于不断的变化发展状态中，因而值得专家学者来深入探讨。计算机系统要想得到更好的保护，防范措施是亟须完善的，因此要综合采用多种防护策略，吸取各种防护策略的优点和长处，集众家之精华，逐步建立起网络信息安全的防护体系。本书首先从网络信息安全的现状及常见网络攻击方法等方面剖析了当前网络信息安全存在的主要问题，接着全面系统地介绍了计算机网络信息安全以及防范的基本概念、基本理论，最后详细指出了网络信息安全基本技术及防范的具体实现策略。

本书共八章，约20万字。其中第四章、第七章、第八章约9万字，由吉林医药学院李莹撰写；第一章、第二章约5.5万字，由吉林医药学院杨春哲撰写；第三章、第五章、第六章约5.5万字，由吉林医药学院吕亚娟撰写。在撰写本书过程中，作者参考和借鉴了部分专家、学者的一些研究成果和著述内容，在此表示衷心的感谢。由于作者水平有限，书中难免会有疏漏和错误之处，恳请广大读者不吝斧正。

作　者
2018年8月

目 录

第一章 计算机网络信息安全概述 ... 1
第一节 计算机网络信息安全的基本概念 ... 1
第二节 计算机网络信息安全的现状与问题 ... 4
第三节 网络信息安全的威胁分析 ... 7
第四节 网络信息安全的主要技术 ... 8

第二章 信息加密与安全验证技术 ... 25
第一节 对称密钥通信系统 ... 25
第二节 非对称密钥通信系统 ... 30
第三节 信息安全技术服务 ... 35

第三章 操作系统安全技术 ... 51
第一节 操作系统的安全机制 ... 51
第二节 Windows 安全机制 ... 53
第三节 Windows 安全配置 ... 57

第四章 数据库与数据安全技术 ... 65
第一节 数据库安全概述 ... 65
第二节 数据库安全保护 ... 73
第三节 数据备份与恢复 ... 92

第五章 计算机网络防火墙技术 ... 99
第一节 防火墙概述 ... 99
第二节 防火墙的体系结构及关键技术 ... 104
第三节 防火墙技术的发展 ... 118

第六章 计算机网络攻击与保护策略 ... 123
第一节 计算机网络攻击概述 ... 123
第二节 计算机网络攻击的过程 ... 126

第三节　计算机网络攻击常用技术 ················ 130
　　第四节　计算机网络攻击保护策略 ················ 138
第七章　计算机网络病毒与保护策略 ···················· 147
　　第一节　计算机网络病毒的特点及危害 ············ 147
　　第二节　典型病毒及其症状分析 ·················· 152
　　第三节　计算机网络病毒的保护策略 ·············· 163
第八章　计算机网络新技术及其安全问题 ················ 175
　　第一节　云计算技术及其安全问题 ················ 175
　　第二节　物联网技术及其安全问题 ················ 183
　　第三节　对等网络技术及其安全问题 ·············· 190
参考文献 ·· 201

第一章　计算机网络信息安全概述

随着信息技术的迅速发展，网络已成为重要的信息传播工具，而随着互联网（Internet）的飞速发展，网络安全问题也越来越受到广泛的关注。各种病毒花样繁多、层出不穷，系统、程序、软件的安全漏洞越来越多，黑客常通过不正当手段侵入他人计算机，非法获得用户信息资料，给正常使用互联网的用户造成不可估量的损失。因此，计算机网络信息安全越来越引起人们的重视。

第一节　计算机网络信息安全的基本概念

一、计算机网络信息安全的概念

人们在享受信息化带来的众多好处的同时，也面临着日益突出的信息安全与保密的问题。计算机网络信息安全技术经过多年的发展，在信息安全技术的研究基础上形成了两个完全不同的角度和方向：一个从正面防御角度考虑，研究加密、鉴别、认证、授权和访问控制等；另一个从反面攻击角度考虑，研究漏洞的扫描评估、入侵检测、紧急响应和病毒预防。网络安全从其本质上来讲就是网络上的信息安全。它涉及的领域相当广泛，这是因为在目前的公用通信网络中存在着各种各样的安全漏洞和威胁。下面给出计算机网络信息安全的一个通用定义。

计算机网络信息安全就是网络上的信息安全，指网络系统的硬件、软件及其系统中的数据受到保护，不受偶然的或者恶意的原因而遭到破坏、更改、泄露，系统能连续、可靠正常地运行，使网络服务不中断。

广义来说，凡是涉及网络上信息的保密性、完整性、可用性、真实性和可控性的相关技术和理论都是网络安全所要研究的领域。

网络信息安全涉及的内容既有技术方面的问题，也有管理方面的问题，两者相互补充，缺一不可。技术方面主要侧重于防范外部非法用户的攻击，管理方面则侧重于内部人为因素的管理。

网络信息安全要考虑以下几个方面的内容。

1. 网络系统安全

网络系统的安全主要包括以下几方面的问题：

①网络操作系统的安全性，目前流行的操作系统（UNIX、Windows 2000/ NT/XP 等）均存在网络安全漏洞；

②来自外部的安全威胁；

③来自内部用户的安全威胁；

④通信协议软件本身缺乏安全性，如 TCP/IP 协议；

⑤计算机病毒感染；

⑥应用服务的安全，许多应用服务系统在访问控制及安全通信方面考虑不周全。

2. 局域网安全

局域网采用广播方式，在同一个广播域中可以侦听到在该局域网上传输的所有信息包，这是一个不安全的因素。

3. 互联网安全

非授权访问、冒充合法用户、破坏数据完整性、干扰系统正常运行、利用网络传播病毒等都是在互联网上经常遇到的问题。

4. 数据安全

事实上，无论互联网还是其他专用网络，都必须注意数据的安全性问题，以保护本单位、本部门的信息资源不会受到外来的侵害。

从根本意义上讲，绝对安全的计算机是根本不存在的，绝对安全的网络也是不可能有的。只有存放在一个无人知晓的密室里，而又不通电的计算机才可以称得上安全。计算机只要投入使用，就或多或少地存在着安全问题，只是程度不同而已。因此，在探讨网络安全的时候，实际上指的是一定程度上的网络安全。而到底需要多大的安全性，要依据实际需要及自身能力而定。网络安全性越高，也就意味着网络的管理越复杂。网络的安全性与网络管理的便利性是一对矛盾。

二、计算机安全的分级

计算机操作系统的安全级别在美国国防部发表的橘皮书——《可信计算机系统评测标准》中，把计算机系统分为 4 个等级、7 个级别，4 个等级分别为 D（最低保护等级）、C（自主保护等级）、B（强制保护等级）、A（验证保护等级），7 个级别分别为 D、C1、C2、B1、B2、B3、A1。

1. D 级

D级即计算机安全的最低一级。D级不要求用户进行登录和密码保护，任何人都可以使用，整个系统是不可信任的，硬件和软件都易被他人侵袭。

2. C1 级

C1级即自主安全保护级。C1级要求硬件有一定的安全级（如计算机带锁），用户必须通过登录认证方可使用系统，并建立了访问许可权限机制。

3. C2 级

C2级即受控存取保护级。C2级比C1级增加了几个特性，即引进了受控访问环境，进一步限制了用户执行某些系统指令；授权分级使系统管理员给用户分组，授予他们访问某些程序和分级目录的权限；采用系统审计，跟踪记录所有安全事件及系统管理员的工作。

4. B1 级

B1级即标记安全保护级。对网络上每个对象都给予实施保护，支持多级安全，对网络、应用程序工作站实施不同的安全策略。对象必须在访问控制之下，不允许拥有者自己改变所属资源的权限。

5. B2 级

B2级即结构化保护级。B2级对网络和计算机系统中所有对象都加以定义，分配给一个标签，为工作站、终端等设备分配不同的安全级别，按最小特权原则取消权力无限大的特权用户。

6. B3 级

B3级即安全域级。B3级要求用户工作站或终端必须通过可信任的途径链接到网络系统内部的主机上，采用硬件来保护系统的数据存储区；根据最小特权原则，增加了系统安全员，将系统管理员、系统操作员和系统安全员的职责分离，将人为因素对计算机安全的威胁降至最小。

7. A1 级

A1级即验证设计级。这是计算机安全级别中最高的一级，本级包括了以上各级别的所有措施，并附加了一个安全系统的受监视设计。合格的个体必须经过分析并通过这一设计，所有构成系统的部件来源都必须有安全保证。这一级还规定了将安全计算机系统运送到现场安装所必须遵守的程序。

在网络的具体设计过程中，应根据网络总体规划中提出的各项技术规范、设备类型、性能要求及经费等，综合考虑来确定一个比较合理、性能较高的网络安全级别，从而实现网络的安全性和可靠性。

三、网络安全的重要性

在信息社会中，信息具有与能源、物源同等的价值，在某些时候甚至具有更高的价值。具有价值的信息必然存在安全性的问题，对于企业更是如此。例如，在竞争激烈的市场经济驱动下，每个企业对于原料配额、生产技术、经营决策等信息，在特定的地点和业务范围内都具有保密的要求，一旦这些机密被泄露，不仅会给企业，而且会给国家造成严重的经济损失。

经济社会的发展要求各用户之间的通信和资源共享，需要将一批计算机联入网络，这样就隐含着很大的风险，包含了极大的脆弱性和复杂性，特别是当今最大的网络——互联网，很容易遭到别有用心者的恶意攻击和破坏。随着国民经济信息化水平的提高，大量情报和商务信息都高度集中地存放在计算机中。而随着网络应用范围的扩大，信息的泄露问题也变得日益严重。因此，计算机网络的安全性问题就变得越来越重要。

第二节 计算机网络信息安全的现状与问题

一、计算机网络信息安全的现状

随着信息化建设的快速发展，网络已经成为支撑许多行业开展业务的基础平台，网络安全将直接影响业务的正常运转，甚至关系到国家安全和社会稳定。目前，网络面临着不同动机的威胁者，承受着不同类型的攻击。信息泄露、恶意代码、垃圾邮件、网络恐怖主义等都将影响网络安全。多协议、多系统、多应用、多用户组成的网络环境，其复杂性高，存在难以避免的安全脆弱性。据斯瑞库斯（Security Focus）公司的漏洞统计数据表明，绝大部分操作系统存在安全漏洞。由于管理、软件工程难度等问题，新的脆弱性不断地被引入网络环境，所有这些安全脆弱点都将可能成为攻击切入点，攻击者可以利用这些脆弱点入侵系统，窃取信息。1998年2月，黑客利用Solar Sunrise弱点入侵美国国防部网络，受害的计算机超过500台，而攻击者只是采用了中等复杂工具。根据美国计算机安全应急响应组（CERT）的安全事件统计，网络安全事件日趋增多。

二、典型安全问题

当前的网络安全，主要有10个方面的问题亟须解决，本文分别叙述如下。

①信息应用系统与网络日益紧密，人们对网络依赖性增强，因而对网络安全影响范围日益扩大，建立可信的网络信息环境成为一个迫切的需求。

②网络系统中安全漏洞日益增多，不仅技术上有漏洞，而且管理上也有漏洞。

③恶意代码危害性高。恶意代码通过网络途径广泛扩散，其影响越来越大。

④网络攻击技术日趋复杂，而攻击操作易于实施，攻击工具广为流行。

⑤网络安全建设缺乏规范操作，常常采取"亡羊补牢"的做法，导致信息安全共享难度增加，留下安全隐患。

⑥网络系统存在种类繁多的安全认证方式，一方面使得用户使用不方便，另一方面增加了安全管理工作难度。

⑦国内信息化技术严重依赖国外，从硬件到软件都不同程度地受制于人。

⑧网络系统中软硬件产品单一，易造成大规模网络安全事件发生，特别是网络蠕虫安全事件。

⑨网络安全建设涉及人员众多，安全性和易用性难以平衡。

⑩网络安全管理问题依然是一个难题，典型的安全事例如下：

a.用户缺乏信息安全防范意识，如用户选取弱口令，使得攻击者可以从远程直接控制主机；

b.网络服务配置不当，开放过多网络服务，例如，网络边界没有过滤掉恶意数据包或切断网络连接，允许外部网络的主机直接"ping"内部网主机，允许建立空连接；

c.用户随意安装有漏洞的软件包；

d.用户习惯使用默认配置，如网络设备的口令直接使用厂家缺省配置；

e.网络系统中软件不打补丁或补丁不全；

f.网络安全敏感信息泄露，如DNS服务信息泄露；

g.网络安全防范缺乏体系；

h.网络信息资产不明，缺乏分类分级处理；

i.网络安全管理信息单一，缺乏统一分析与管理平台；

j.重技术，轻管理，如没有明确的安全管理策略、安全组织、安全规范。

三、计算机网络信息安全的目标

网络信息安全目标就是保证网络信息的5个基本安全属性得以实现，即机密性、完整性、可用性、抗抵赖性、可控性。通俗地说，安全的目标就是实现网络信息的可用、可控、可信。

（一）机密性

机密性指网络信息不泄露给非授权用户、实体或程序的特性，能够防止网络用户非授权获取网络信息。网络系统上传递的信息有些属于重要安全信息，若一旦攻击者通过监听手段获取到，就有可能危及网络系统整体安全，如网络管理账号口令信息泄露将会导致网络设备失控。

（二）完整性

完整性指网络信息未经授权不能进行更改的特性。例如，网络电子邮件信息在存储或传输过程中保持不被删除、修改、伪造、插入等。

（三）可用性

可用性指授权的网络用户能够按照系统所提供的途径访问网络信息的特性。例如，防火墙能够防止拒绝服务攻击。

（四）抗抵赖性

抗抵赖性指防止网络实体否认其已经发生的网络行为的特性。这一特性保证了网络信息的来源及信息发布者的真实可信。例如，通过网络审计，可以记录访问者在网络系统中的活动。

（五）可控性

可控性指对网络可有效控制的特性。管理者能够根据授权对网络进行监测和控制，可以有效地控制网络用户的行为和网上信息的传播。

四、网络信息安全的基本功能

要实现网络安全的 5 个基本目标，系统应具备防御、监测、应急、恢复这几个基本功能。下面分别简要叙述这几个基本功能。

（一）网络安全防御

网络安全防御指采取各种手段和措施，使得网络系统具备阻止、抵御各种已知网络威胁的功能。

（二）网络安全监测

网络安全监测指采取各种手段和措施，监测、发现各种已知或未知的网络威胁的功能。

（三）网络安全应急

网络安全应急指采取各种手段和措施，针对网络系统中的突发事件，具备及时响应、处置网络攻击威胁的功能。

（四）网络安全恢复

网络安全恢复指采取各种手段和措施，针对已经发生的网络灾害事件，具备恢复网络系统运行的功能。

第三节　网络信息安全的威胁分析

一、网络信息安全的威胁来源

网络系统包含各类不同资产，由于其所具有的价值，将会受到不同类型的威胁。根据威胁主体的自然属性，网络信息安全受到的威胁主要包括自然威胁和人为威胁。自然威胁有地震、雷击、洪水、火灾、静电、鼠害和电力故障等。人为威胁有：

①盗窃类型的威胁，如偷窃设备、窃取数据、盗用计算资源等；
②破坏类型的威胁，如破坏设备、破坏数据文件、引入恶意代码等；
③处理类型的威胁，如插入假的输入、隐瞒某个输出、电子欺骗、非授权改变文件、修改程序和更改设备配置等；
④操作错误和疏忽类型的威胁，如数据文件的误删除、误存和误改，磁盘误操作等。

二、网络信息安全的威胁对象

从威胁对象来分类，网络信息安全威胁可以划分成物理安全威胁、网络通信威胁、网络服务威胁、网络管理威胁，分别阐述如下。

（一）物理安全威胁

网络物理安全是整个网络系统安全的前提，物理安全威胁主要有：
①地震、水灾、火灾等造成整个系统的毁灭；
②电源故障造成设备断电，甚至导致操作系统引导失败或数据库信息丢失；
③设备被盗、被毁造成数据丢失或信息泄露；
④电磁辐射可能造成数据信息被窃取。

（二）网络通信威胁

网络通信威胁有线路窃听、篡改网上传输信息、中断网络通信或滥用网络通信带宽、非法访问网络设备。常见网络通信威胁的实际案例有：
①网络嗅探器，简称 Sniffer；

②TCP 通信会话劫持；

③利用漏洞进行远程攻击并获得网络管理访问权限。

（三）网络服务威胁

①假冒内部合法用户身份进行非法登录，窃取网络服务；

②攻击者通过发送大量虚假请求包到网络服务器，造成网络服务器超负荷工作，甚至造成系统瘫痪，如分布式拒绝服务攻击，简称 DDoS；

③网站仿冒，威胁者虚构知名网站的页面或登入界面骗取网络用户的敏感信息，如银行账号、会员号等信息。

（四）网络管理威胁

网络管理威胁有多种形式，如误用管理权、安全配置不当、泄漏敏感用户名及口令等，这些都将对网络安全构成很大的威胁。

第四节 网络信息安全的主要技术

一、防火墙技术

"防火墙"安全保障技术主要是为了保护与互联网相连的企业内部网络或单独节点。它具有简单实用的特点，并且透明度高，可以在不修改原有网络应用系统的情况下达到一定的安全要求。防火墙一方面通过检查、分析、过滤从内部网流出的 IP 包，尽可能地对外部网络屏蔽被保护网络或节点的信息、结构；另一方面对内屏蔽外部某些危险地址，实现对内部网络的保护。

（一）防火墙技术概述

防火墙是一个或一组网络设备，主要作用是在两个或以上网络中加强访问控制。它的基本原理很简单，譬如一对开关，一个用来阻止信号传输，另一个则用来放行。

防火墙所代表的是一个网络的访问原则，其主要目的是保护一个网络不受其他网络的攻击。通常我们设定防火墙来保护自己的网络，而对于外部网络，我们设定防火墙的规则，即本网络的安全策略，用来过滤来往于网络间的信息，对信息进行检查，符合原则的放行，不符合的阻挡。

（二）防火墙的应用

1. 防火墙的技术实现

防火墙技术实际就是"包过滤"技术，"包过滤"中的"包"的放行标准是根据网络安全策略所制定的。此外,代理服务器软件也可以实现防火墙功能。

防火墙技术发展至今,信息安全技术中的最新成果也逐步融入其中,像加密、解密和压缩、解压等功能,这些技术使得信息在网络中的安全性大大提高。防火墙技术的研究早已成为现代网络安全技术研究的主导技术。

2. 防火墙的特性

防火墙在物理上就是两个网络之间不同系统的集合,组建这些网络具有如下特点:

①防火墙过滤所有进出网络的数据;
②符合安全策略的数据包才能通过防火墙;
③为了保护网络不被危险侵入,自身具有预防侵入的功能。

3. 防火墙的使用

由于防火墙介入两个网络之间,对于网络间的服务和数据传输速率有一定的影响,使之受阻或减慢,但为了网络之间的相互安全,不得不为此付出一定的代价。美国网屏(NetScreen)技术公司针对这个问题已经推出第三代网络防火墙,其内置的 ASIC 处理器用于提高硬件工作的效率,大幅度提高了防火墙的性能。

防火墙的安装也需要因地制宜,除非个人有要求或公司或集体对于内外网络的连接有数据保护要求,才安装防火墙。对于内部的局域网安全,不能依靠防火墙,应该使用其他软件或硬件来实现。

个人防火墙是防止电脑中的信息被外部侵袭的一项技术,在系统中监控、阻止任何未经授权允许的数据进入或发送到互联网及其他网络系统。个人防火墙产品如赛门铁克公司的诺顿、网络冰公司的 Black Ice Defender,麦卡菲公司的思科及区域实验室的 ZoneAlarm Free 等,都能对系统进行监控及管理,防止计算机病毒、流氓软件等程序通过网络进入计算机或在用户未知的情况下向外部扩散。这些软件都能够独立运行于整个系统中或针对个别程序、项目,所以在使用时十分方便及实用。

二、数据加密技术

我们需要一种措施来保护信息数据,防止被一些别有用心的人所看到或者破坏。在信息时代,信息可以帮助团体或个人,使他们受益,同样,信息也可以用来威胁他们,使他们遭受损失。在竞争激烈的大公司中,商业间谍经常会获取对方的情报。因此,我们在客观上就需要一种强有力的安全措施来保护机密数据不被窃取或篡改。数据加密与解密从宏观上讲是非常简单的,也是很容易理解的。加密与解密的一些方法是非常直接的，也是很容易掌握的，它们可以很方便地对机密数据进行加密和解密。

（一）数据加密概述

数据加密技术就是使用数字方法来重新组织数据，使得除了合法使用者外，任何其他人想要恢复原先的"消息"是非常困难的。数据加密就是对传输中的数据流加密，可以使用线路加密和端对端加密两种方法。线路加密不考虑信源只侧重加密传输线路。端对端加密则是使用者用加密软件在端的两头进行加密工作，然后进入TCP/IP数据包封装穿过互联网，当这些信息一旦到达目的地，将由收件人运用相应的密钥进行解密，使密文恢复成为可读数据明文。

目前最常用的加密技术有对称加密技术和非对称加密技术。对称加密技术指同时运用一个密钥进行加密和解密，非对称加密技术就是加密和解密所用的密钥不一样，它有一对密钥，分别称为"公钥"和"私钥"，这两个密钥必须配对使用，也就是说用公钥加密的文件必须用相应的私钥才能解密，反之亦然。

（二）对称加密

在对称加密技术中，对信息的加密和解密都使用相同的密钥，也就是说一把钥匙开一把锁。这种加密方法可简化加密处理过程，信息交换双方都不必彼此研究和交换专用的加密算法。如果在交换阶段私有密钥未曾泄露，那么机密性和报文完整性就可以得以保证。对称加密技术也存在一些不足，如果交换一方有 N 个交换对象，那么他就要维护 N 个私有密钥，对称加密存在的另一个问题是双方共享一把私有密钥，交换双方的任何信息都是通过这把密钥加密后传送给对方的。

（三）非对称加密

在非对称加密体系中，密钥被分解为一对（即公钥和私钥）。这对密钥中任何一把都可以作为公开密钥（加密密钥）通过非保密方式向他人公开，而另一把作为私有密钥（解密密钥）加以保存。公钥用于加密，私钥用于解密，私钥只能由生成密钥的交换方掌握，公钥可广泛公布，但它只对应于生成密钥的交换方。非对称加密方式可以使通信双方无须事先交换密钥就可以建立安全通信，广泛应用于身份认证、数字签名等信息交换领域。

公开密钥的加密机制虽提供了良好的保密性，但难以鉴别发送者，即任何得到公开密钥的人都可以生成和发送报文。数字签名机制提供了一种鉴别方法，以解决伪造、抵赖、冒充和篡改等问题。

（四）数字签名

数字签名技术是不对称加密算法的典型应用。数字签名的应用过程是，数据源发送方使用自己的私钥对数据校验和或其他与数据内容有关的变量进行加密处理，完成对数据的合法"签名"，数据接收方则利用对方的公钥来解读收到的"数字签名"，并将解读结果用于对数据完整性的检验，以确认签名的合法性。数字签名技术是在网络系统虚拟环境中确认身份的重要技术，完全可以代替现实过程中的"亲笔签字"，在技术和法律上有保证。在数字签名应用中，发送者的公钥可以很方便地得到，但他的私钥则需要严格保密。数字签名的主要功能是保证信息传输的完整性、发送者的身份认证、防止交易中发生抵赖。

数字签名技术是将摘要信息用发送者的私钥加密，与原文一起传送给接收者。接收者只有用发送的公钥才能解密被加密的摘要信息，然后用 HASH 函数对收到的原文产生一个摘要信息，与解密的摘要信息对比。如果相同，则说明收到的信息是完整的，在传输过程中没有被修改，否则说明信息被修改过，因此数字签名能够验证信息的完整性。

数字签名是个加密的过程，数字签名验证是个解密的过程。数字签名是公钥算法的一个最重要的发展。前面所述的加密技术、身份认证技术可以保护通信双方的信息不被第三方侵犯，但是并不能保证双方的相互欺骗。举例说，B 伪造一个不同的消息，但声称是从 A 收到的；A 可以否认发过该消息，B 无法证明 A 确实发了该消息。为解决这些问题，数字签名应当具有以下的性质：必须能够验证作者及其签名的日期；必须能够认证签名时刻的内容；签名必须能够由第三方验证，以解决争议。因此，数字签名功能包含了认证的功能。

（五）报文认证

报文认证是防御网络主动攻击的重要技术。在需要通过网络进行信息交换时，会遇到以下攻击：

①消息析取；

②通信量分析；

③伪装；

④内容篡改；

⑤序号篡改；

⑥计时篡改；

⑦抵赖。

报文认证是证实收到的报文来自可信的源点且未被篡改的过程。数字签名是一种防止源点或终点抵赖的鉴别技术。可见二者的区分主要体现在了各自的目的上。但是二者共同保证了传输的安全性。

认证函数包括报文加密、报文认证码和散列函数三部分内容。

1. 报文加密

报文加密包括常规加密和公开密钥加密。常规加密提供保密性和鉴别。公开密钥加密分为具有鉴别和签名的公开密钥加密、具有机密性和鉴别及签名的公开密钥加密。

2. 报文认证码

发送方使用一个密钥和特定算法对明文产生一个短小的定长数据分组，即报文认证码（MAC），并将它附加在报文中。在接收方，使用相同密钥和算法对明文计算报文认证码，如果新的报文认证码与报文中的报文认证码匹配，那么接受者确信报文未被修改过，接受者确信报文来自所期望的发送方。

3. 散列函数

散列函数类似报文认证码，一个散列函数以一个变长的报文作为输入，产生一个定长的散列码作为输出。散列码通常称为报文摘要（MD）。散列码是报文中所有比特的函数值，并具有差错检测能力，即报文被修改则散列码改变。报文摘要与报文认证码的区别是是否需要密钥。散列函数可用于报文的完整性认证，与加密技术配合使用可以对报文的起源进行认证，还可以用于存储文件的完整性检验。

（六）密钥的管理

密钥管理包括从密钥的产生到密钥的销毁的各个方面，如管理体制、管理协议和密钥的产生、分配、更换和注入等。密钥管理技术有以下分类。

1. 对称密钥管理

对称加密是基于共同保守秘密来实现的。采用对称加密技术的贸易双方必须要保证采用的是相同的密钥，要保证彼此密钥的交换是安全可靠的，同时还要设定防止密钥泄密和更改密钥的程序。这样，对称密钥的管理和分发工作将变成一件潜在危险的和烦琐的过程。通过公开密钥加密技术实现对称密钥的管理使相应的管理变得简单和更加安全，同时还解决了纯对称密钥模式中存在的可靠性问题和认证问题。

2. 公开密钥管理/数字证书

贸易伙伴间可以使用数字证书（公开密钥证书）来交换公开密钥。国际电信联盟（ITU）制定的标准 X.509 对数字证书进行了定义，该标准等同于国际标准化组织（ISO）与国际电工委员会（IEC）联合发布的 ISO/IEC 9594-8：195 标准。数字证书通常包含有唯一标识证书所有者（即贸易方）的名称、唯一标识证书发布者的名称、证书所有者的公开密钥、证书发布者的数字签名、证书的有效期及证书的序列号等。证书发布者一般称为证书管理机构（CA），它是贸易各方都信赖的机构。数字证书能够起到标识贸易方的作用，是目前电子商务广泛采用的技术之一，例如电子银行业务需要用到的证书管理机构证书。

3. 密钥管理相关的标准规范

目前相关的国际标准化机构都着手制定关于密钥管理的技术标准规范。国际标准化组织与国际电工委员会下属的信息技术委员会已起草了关于密钥管理的国际标准规范。该规范主要由三部分组成：①密钥管理框架；②采用对称技术的机制；③采用非对称技术的机制。该规范现已进入国际标准草案表决阶段，并将很快成为正式的国际标准。

三、访问控制技术

在网络中要确认一个用户，通常的做法是通过身份验证，但是身份验证并不能告诉用户能做些什么，网络访问控制技术能解决这个问题。

（一）访问控制概述

访问控制是策略和机制的集合，它允许对限定资源的授权访问。它也可以保护资源，防止那些无权访问资源的用户的恶意访问或偶然访问。访问控制是信息安全保障机制的核心内容，它是实现数据保密性和完整性的主要手段。它是对信息系统资源进行保护的重要措施，也是计算机系统中最重要和最基础的安全机制。然而，它无法阻止被授权组织的故意破坏。

把用户看成一个实体（实际上是一个人或者代表那个人的应用操作），这个实体希望访问某种资源。访问主要包括读取数据、更改数据、运行程序、发起链接等。资源可以是能够以某种方式（如读操作、写操作或者修改操作）对其进行操作的任何对象，也可以是那些被迫执行某种操作（如运行一个程序或者发送一个消息）的对象。客户可能就是用户实体，服务器可能就是资源。总之，访问控制是为了限制访问主体（或称为发起者，是一个主动的实体，如用户、进程、服务等）对访问客体（需要保护的资源）的访问权限，从而使计算机系统在合法范围内使用。访问控制机制决定用户及代表一定用户利益的程序能做什么，以及做到什么程度。

（二）主流访问控制技术

目前的主流访问控制技术有：自主访问控制（DAC）、强制访问控制（MAC）、基于角色的访问控制（RBAC）。

1. 自主访问控制

自主访问控制机制允许对象的属主来制定针对该对象的保护策略。自主访问控制通常通过授权列表（或访问控制列表）来限定哪些主体针对哪些客体可以执行什么操作，如此将可以非常灵活地对策略进行调整。由于其易用性与可扩展性，自主访问控制机制经常被用于商业系统。

自主访问控制中，用户可以针对被保护对象制定自己的保护策略：

①每个主体拥有一个用户名并属于一个组或具有一个角色；

②每个客体都拥有一个限定主体对其访问权限的访问控制列表（ACL）；

③每次访问发生时都会基于访问控制列表检查用户标志以实现对其访问权限的控制。

在商业环境中，你会经常遇到自主访问控制机制，由于它易于扩展和理解，大多数系统仅基于自主访问控制机制来实现访问控制，如主流操作系统（Windows NT Server，UNIX 系统）、防火墙（ACLs）等。

2. 强制访问控制

强制访问控制机制用来保护系统确定的对象，对此用户对象不能进行更改，也就是说，系统独立于用户行为强制执行访问控制，用户不能改变他们的安全级别或对象的安全属性。这样的访问控制规则通常对数据和用户按照安全等级划分标签，访问控制机制通过比较安全标签来确定是授予还是拒绝用户对资源的访问。强制访问控制进行了很强的等级划分，所以经常用于军事用途。

在强制访问控制系统中，所有主体（用户，进程）和客体（文件，数据）都被分配了安全标签，安全标签标识一个安全等级。

强制访问控制规则：

①主体（用户，进程）被分配一个安全等级；

②客体（文件，数据）也被分配一个安全等级；

③访问控制执行时对主体和客体的安全级别进行比较。

用一个例子来说明强制访问控制规则的应用，如 Web 服务以"秘密"的安全级别运行。假如 Web 服务器被攻击,攻击者在目标系统中以"秘密"的安全级别进行操作,他将不能访问系统中安全级为"机密"及"高密"的数据。

3. 基于角色访问控制

基于角色访问控制的核心思想是将权限与角色联系起来,在系统中根据应用的需要为不同的工作岗位创建相应的角色,同时根据用户职责指派合适的角色,用户通过所指派的角色获得相应的权限,实现对文件的访问。也就是说,传统的访问控制是直接将访问主体(发出访问操作,有存取要求的主动方)和客体(被调用的程序或欲存取的数据访问)相联系,而基于角色访问控制在中间加入角色,通过角色沟通主体和客体。

(三)访问控制机制

保护网络资源不被非法使用是访问控制的主要任务,访问控制也是网络信息安全的主要安全策略。下面我们就访问控制所涉及的几种技术进行介绍。

1. 入网访问控制

所谓入网,就是用户登录网络,访问控制对哪些用户能够进入网络进行严格控制,控制的内容包括他们的上网时间、从哪个工作站登录。控制的主要手段就是对用户的登录名和口令进行验证,一旦发现不匹配的用户或口令,予以拒绝,多次登录不成功者,给予警告。

2. 权限控制

用户和用户组都有自己被赋予的权限,该权限控制他们能够访问的目录、子目录、文件和资源,并且限制他们对于这些资源的操作范围。我们大致上可以根据用户权限把他们分为三类:系统管理员、一般用户和审计用户。

3. 目录级安全控制

对目录和文件的访问权限有八种:系统管理、读、写、创建、删除、修改、文件查找、访问控制。用户在目录一级的权限对该目录所有文件生效,另外还有委托权限和继承权限,管理员应当为用户指定适当的访问权限,利用上述八种访问权限的组合应用,加强对用户访问资源的控制,提高服务器和网络的安全。

4. 属性安全控制

属性设置可以覆盖已经指定的任何受托者指派和有效权限。属性控制的权限包括向文件写数据、拷贝文件、删除目录或文件、查看目录和文件、执行文件、隐含文件、共享、系统属性等。系统管理员在权限的基础上再设置属性,可以进一步提高网络安全性。

5. 服务器安全控制

服务器的安全控制有两个功能。
①设置口令锁定服务器控制台：锁定可以保护数据，用户只能看，不能动；
②时间设定：控制服务器允许登录的时间。

四、虚拟专用网技术

虚拟专用网（VPN）技术是目前解决信息安全问题的一个最新、最成功的技术课题之一。所谓虚拟专用网技术就是在公共网络上建立专用网络，使数据通过安全的"加密管道"在公共网络中传播。构建虚拟专用网有两种主流的机制，这两种机制为路由过滤技术和隧道技术。目前虚拟专用网主要采用了如下四项技术来保障安全：隧道技术、加解密技术、密钥管理技术和使用者与设备身份认证技术。

以前，要想实现两个远地网络的互联，主要是采用专线连接方式。这种方式虽然安全性高，也有一定的效率，成本太高。随着互联网的兴起，产生了利用互联网网络模拟安全性较好的局域网的技术——虚拟专用网技术。这种技术具有成本低的优势，还克服了互联网不安全的弱点。其实，简单来说就是在数据传送过程中加上了加密和认证的网络安全技术。

（一）虚拟专用网技术概述

虚拟专用网技术是近年来随着互联网的发展而迅速发展起来的一种技术。现代企业越来越多地利用互联网资源来进行促销、销售、售后服务，乃至培训、合作等活动。许多企业趋向于利用互联网来替代它们的私有数据网络。这种利用互联网来传输私有信息而形成的逻辑网络就称为虚拟专用网。

虚拟专用网实际上就是将互联网看作一种公有数据网，这种公有网和公用电话交换网（PSTN）在数据传输上没有本质的区别，从用户观点来看，数据都被正确传送到了目的地。相对地，企业在这种公共数据网上建立的用以传输企业内部信息的网络被称为私有网。

虚拟专用网整合了范围广泛的用户，从家庭的拨号上网用户到办公室联网的工作站，再到互联网服务提供商（ISP）的Web服务器。用户类型、传输方法，以及由虚拟专用网使用的服务的混合性，增加了虚拟专用网设计的复杂性，同时也增加了网络安全的复杂性。如果能有效地采用虚拟专用网技术，是可以防止欺诈、增强访问控制和系统控制、加强保密和认证的。选择一个合适的虚拟专用网解决方案可以有效地防范网络黑客的恶意攻击。

根据技术应用环境的特点，虚拟专用网大致包括三种典型的应用环境，即 Intranet VPN, Remote Access VPN 和 Extranet VPN。其中 Intranet VPN 主要是在内部专用网络上提供虚拟子网和用户管理认证功能；Remote Access VPN 侧重远程用户接入访问过程中对信息资源的保护；而 Extranet VPN 则需要将不同的用户子网扩展成虚拟的企业网络。这三种方式中 Extranet VPN 应用的功能最完善，而其他两种均可在它的基础上生成。

（二）虚拟专用网的隧道技术

所谓"隧道技术"就是一种封装技术，它利用一种网络传输协议，将其他协议产生的数据报文封装在它自己的报文中在网络中传输，在目的局域网和公网的接口处将数据解封装，取出负载。隧道技术是包括数据封装，传输和解包在内的全过程。

隧道有两种类型。第一种是自愿式隧道，当一个客户终端利用隧道客户端软件主动与目标隧道服务器建立一个虚连接，则该连接称为自愿式隧道。这要求在该用户的终端上装载所需的协议并且与互联网要有连接；第二种是强制式隧道，在这种方式中，有一台网络设备（一般是互联网服务提供商端的设备）代替拨号用户建立与目的地隧道服务器的连接。

虚拟专用网用户代理（UA）向安全隧道代理（STA）请求建立安全隧道，安全隧道代理接受后，在虚拟专用网管理中心（MC）的控制和管理下在公用互联网络上建立安全隧道，然后进行用户端信息的透明传输。用户认证管理中心（UAAC）和虚拟专用网密钥分配中心向虚拟专用网用户代理提供相对独立的用户身份认证与管理及密钥的分配管理，虚拟专用网用户代理又包括安全隧道终端功能、用户认证功能和访问控制功能三个部分，它们共同向用户高层应用提供完整的虚拟专用网服务。

（三）虚拟专用网体系结构

下面分别对安全传输平面（STP）和公共功能平面（CFP）做详细的讨论。

1. 安全传输平面

（1）安全隧道代理

安全隧道代理在管理中心组织下将多段点到点的安全通路连接成端到端的安全隧道。安全隧道代理是虚拟专用网的主体，它主要的作用是：

①安全隧道的建立与释放；

②用户身份的验证；

③服务等级的协商；

④信息的透明传输；

⑤远程拨号接入；

⑥安全隧道的控制与管理。

（2）虚拟专用网管理中心

虚拟专用网管理中心只与安全隧道代理直接联系，负责协调安全传输平面上的各安全隧道代理之间的工作，是整个虚拟专用网的核心部分。其主要功能包括：

①安全隧道的管理与控制；

②网络性能的监视与管理。

2. 公共功能平面

公共功能平面作为安全传输平面的辅助平面，向虚拟专用网用户代理提供相对独立的用户身份认证与管理及密钥的分配管理，分别由用户认证管理中心和虚拟专用网密钥分配中心完成。

（1）认证管理中心

认证管理中心的功能是提供用户认证和用户管理。

用户认证是以第三者的客观身份向虚拟专用网用户代理和安全隧道代理之中的一方或双方提供用户身份的认证，以便服务使用者和服务提供者之间能够确认对方的身份。

用户管理是与用户身份认证功能直接相联系的用户管理部分，即对各用户（包括虚拟专用网用户代理、安全隧道代理及认证管理中心）的信用程度和认证情况进行日志记录，并可在虚拟专用网管理层向建立安全隧道的双方进行服务等级协商时提供参考。

（2）密钥分配中心

密钥分配中心（KDC）向需要进行身份验证和信息加密的双方提供密钥的分配、回收与管理。在虚拟专用网系统中，虚拟专用网用户代理、安全隧道代理、认证管理中心都是密钥分配中心的用户。

以上就是虚拟专用网络的一般体系结构模型。

五、安全隔离技术

面对新型网络攻击手段的不断出现和高安全网络的特殊需求，全新安全防护理念"安全隔离技术"应运而生。它的目标是在确保把有害攻击隔离在可信网络之外，并保证可信网络内部信息不外泄的前提下，完成网间信息的安全交换。隔离概念的出现，是为了保护高安全度网络环境。

（一）安全隔离网闸

虽然网闸在国内的叫法很多，如安全隔离网闸（GAP）、物理隔离网闸、安全隔离与信息交换系统，但都是为了实现同一个安全目标而设计的，那就是在确保安全的前提下实现有限的数据交流。这点是与防火墙的设计理念截然不同的，防火墙的设计初衷是在网络连通的前提下提供有限的安全策略。正是设计目标的不同，注定了网闸并不适用于所有的应用环境，而只能在一些特定的应用领域进行应用。目前国内做网闸的厂家不少，一般支持包括Web浏览、数据库同步、邮件交换和文件交换在内的多种应用，个别厂家支持视频会议的应用。网闸在TCP/IP协议层上又划分出单向产品和双向产品。双向产品属于应用层存在交互的应用，如Web浏览、邮件交换、数据库同步等常见应用都是双向应用。单向应用意为应用层单向，指的是在应用层切断交互的能力，数据只能由一侧主动向另一侧发送，多用于工业控制系统的DCS网络与MIS网络之间的监控数据传输，这类产品由于在应用层不存在交互所以安全性也是最好的。

对于Web浏览、邮件交换、数据库同步这类应用，防火墙能做到很好的保护，那么网闸的优势在哪里呢？首先要说的是网闸的硬件设计。网闸为了强调隔离，多采用"2+1"的硬件设计方式，即"内网主机+专用隔离硬件（也称隔离岛）+外网主机"。报文到达后，一侧主机对报文的每个层面进行监测，符合规则的将报文拆解，形成所谓的裸数据，交由专用隔离硬件摆渡到另一侧，摆渡过程采用非协议方式，逻辑上内外主机在同一时刻不存在连接，起到彻底切断协议连接的目的。数据摆渡过来后内网对其进行应用层监测，符合规则的由该主机重新打包将数据发送到目标主机。防火墙对数据包的处理是不会拆解数据包的，防火墙只做简单的转发工作，对转发的数据包进行协议检查后符合规则的过去，不符合规则的丢掉，防火墙两边主机是直接进行通信的。由于网闸切断了内外主机之间的直接通信，内外主机之间的数据传输是通过间接与网闸建立连接而实现的，所以外部网络是无法知道受保护网络的真实IP地址的，也无法通过数据包的指纹对目标主机进行软件版本、操作系统的判断。攻击者无法通过网闸收集到任何有用的信息，从而无法展开有效的攻击行为。防火墙由于设计初衷是为了保证网络传输通畅，所以有些防火墙在大流量的情况下，为了保证性能，只对发起连接的前几个包进行规则过滤，而对后继报文进行直接转发，可以说这种设计是相当不安全的。

说完硬件的设计优势外，其次要说的是网闸在过滤颗粒度上面会更加细致，做到了层层设防。在应用层提供身份认证、内容监测、病毒检测多种策略进行严格检测，各个厂家多支持根据特殊应用定制专用模块，在应用层上各个厂家的产品差距不大，提供的检测内容都基本相同。在传输层对IP端口进行限制，这和防火墙工作没有太多区别。网闸在IP层通过MAC绑定策略来提高安全性，做得最好的厂家是在该层剥离了除 arp 之外的所有协议，并限制了 arp 的应答，使非授权主机根本无法获知网闸的存在，更不用提与另外一侧的通信了。

（二）双网隔离技术

与互联网物理隔离是组建内部局域网的最高安全技术手段，但同时也限制了工作人员对互联网的访问需求。为了保证工作人员对内网和外网的同时使用，我们使用了单、双布线网络系统。

1. 单布线网络系统解决方案（只建立一套网络系统）

方案一：对现有单布线网络系统进行双网改造，采用双机双网或单机双网。

方案二：不改动现有单布线网络系统，增配网络安全隔离集线器和安全隔离卡实现单机双网。

2. 双布线网络系统解决方案（同时建立了两套物理隔离的网络系统）

方案一：双机双网，每人配备两台计算机，分别连接内、外网络。

方案二：单机双网，每人配备一台具有安全隔离卡的计算机，使用双硬盘或同一硬盘上双工作区访问内、外网络。

六、身份认证技术

认证技术是信息安全中的一个重要内容，认证技术可能比信息加密本身更加重要。举例来说，在网上购物，买家并不要求购物信息保密，而是需要确认网店的真实性（这就需要身份认证），买卖双方的交易信息未被第三方修改或伪造，并且网店商家不能赖账（这就需要消息认证），对于商家也是如此。

（一）身份认证概述

身份认证的本质是被认证方有一些信息，除被认证方自己外，任何第三方不能伪造，被认证方能够使认证方相信他确实拥有那些秘密，则他的身份就得到了认证。

（二）基于密码的身份认证

鉴别用户身份最常见也最简单的方法就是核对口令：每个合法用户都会配备一个口令，当用户登录系统或使用某项功能时，系统会要求输入用户名和口令，系统会核对输入的用户名和口令，如与数据库里某一项用户名和口令匹配，那么该用户被认证。

密码认证法的安全性仅仅基于用户口令的保密性，由于口令的长度问题，往往不能抵御猜测软件的攻击，容易泄露；另外，攻击者可能窃听通信信道或进行网络窥探，口令的明文传输使得攻击者只要能在口令传输过程中获得用户口令，系统就会被攻破。这种方法在非网络环境下经常被采用，但由于没有了传输的过程，所以不可能会被攻击者窃取。但在网络环境下，明文传输的缺陷使得这种身份认证方法变得极不安全，解决的方法是将口令加密后传输，这时可以在一定程度上弥补上面提到的第二个缺陷。

（三）生物特征身份认证

生物特征识别是通过计算机利用人体固有的生理或行为特征来进行身份识别和鉴定的技术。经过数十年的研究，生物特征识别在不同的领域获得了不同程度的成功，基于各种生物特征识别技术的身份识别系统具有很好的安全性、可靠性和有效性，正越来越受到人们的重视，并开始进入社会生活的各个领域。

人们通常将生理特征和行为特征统称为生物特征。常用的生理特征有指纹、掌纹、虹膜、脸像、视网膜等，常用的行为特征有声音、步态、签名等。

与传统的身份鉴定手段相比，基于生物特征识别的身份鉴定技术具有以下优点：

①不易遗忘或丢失；

②防伪性能好，不易伪造或被盗；

③"随身携带"，随时随地可用。

相对于其他身份认证技术，指纹识别技术是目前国际公认的应用最广泛、价格最低廉、易用性最高的生物认证技术。随着科学技术的进步，尤其是半导体传感器的出现，指纹识别系统的价格也不断下降，指纹识别技术已经走入了市场广大的普通民用领域，但指纹识别还是一个极具挑战性的课题，被广泛认为是最有前途的生物识别技术。

指纹识别技术尽管被广泛地应用和研究，然而它仍然存在一些未被解决的问题。通过多种信息源的融合技术可以提高指纹识别系统的性能，信息的集成可以有多种形式。

（四）身份认证应用

1.Kerberos认证服务

Kerberos是一种受托的第三方认证服务，Kerberos要求信任第三方，即Kerberos认证服务器。Kerberos把网络划分成安全域，称为区域，每个区域有自己的认证服务器并实现自己的安全策略。

2.HTTP 中的身份认证

HTTP 1.0 较完善，也是目前用得最广泛的一个版本，HTTP 1.0 中提供了一个基于口令的基本认证方法，目前，所有的 Web 服务器都可以通过"基本身份认证"支持访问控制。当用户请求某个页面或运行某个 CGI 程序时，被访问对象所在目录下有访问控制文件规定哪些用户可以访问该目录，Web 服务器读取该访问控制文件，从中获得访问控制信息并要求客户方提交用户名/口令组合，浏览器将用户输入的用户名和口令经过一定的编码（一般是 Base64 方式），传给服务方，在检验了用户身份和口令后，服务方才发送回所请求的页面或执行 CGI 程序。

3.IP 中的身份认证

IP 协议存在于网络层，无法理解更高层的信息，所以 IP 协议中的身份认证不是基于用户的身份认证，而是基于 IP 地址的身份认证。

七、入侵检测系统

入侵检测技术对内部入侵、外部入侵和误操作进行实时防御，它的最大特点是在网络系统受到危害之前拦截，所以说它是一种积极主动的安全防护技术。随着时代的发展，入侵检测技术将朝着三个方向发展：分布式入侵检测、智能化入侵检测和全面的安全防御方案。入侵检测系统（IDS）是进行入侵检测的软件与硬件的组合，其主要功能是检测，除此之外还有检测部分阻止不了的入侵、网络遭受威胁程度的评估和入侵事件的恢复等功能。

（一）入侵检测概述

入侵检测是对入侵行为的检测。它通过收集和分析网络行为、安全日志、审计数据、其他可以获得的信息以及系统中关键点的信息，检查网络或系统中是否存在违反安全策略的行为和被攻击的迹象。入侵检测的任务包括：

①监视和分析系统中用户的各种活动；
②检查系统构造和弱点；
③分辨出已知攻击类型并及时报警；
④记录工作中的异常情况并分析；
⑤检查数据的完整性；
⑥跟踪管理并识别用户违反安全策略的行为。

入侵检测系统在发现入侵后，会及时做出响应，包括切断网络连接、记录事件和报警等。在本质上，入侵检测系统是一种典型的"窥探设备"。它不跨接多个物理网段（通常只有一个监听端口），无须转发任何流量，而只需要在网络上被动地、无声息地收集它所关心的报文即可。

（二）入侵检测系统的分类

特征检测，这一检测假设入侵者活动可以用一种模式来表示，系统的目标是检测主体活动是否符合这些模式。它可以将已有的入侵方法检查出来，但对新的入侵方法无能为力。其难点在于如何设计模式既能够表达"入侵"现象又不会将正常的活动包含进来。

异常检测的假设是入侵者活动异常于正常主体的活动。根据这一理念建立主体正常活动的"活动简档"，将当前主体的活动状况与"活动简档"相比较，当违反其统计规律时，认为该活动可能是"入侵"行为。异常检测的难题在于如何建立"活动简档"以及如何设计统计算法，从而不把正常的操作作为"入侵"或忽略真正的"入侵"行为。

（三）入侵检测技术发展趋势

目前除了完善现有技术外，还应重点加强与统计分析相关技术的研究。大多数开发者正在研究新的检测方法，譬如采用自动代理的主动防御方法，或是将免疫学原理融入入侵检测等。入侵检测技术的主要发展方向可以概括为以下几个方面。

1. 分布式入侵检测与 CIDF

现有的入侵检测系统只是针对单一的主机或网络架构，对相异的系统或大型网络能力不足，此外两个不同的入侵检测系统不能协同工作。因此，分布式入侵检测技术与 CIDF 应运而生。

2. 应用层入侵检测

当前的入侵检测系统只能对 Web 层面的协议进行检测，不能深入应用层，当然就不能够适用于大型数据库、US、中间件等大型应用，所以开发出应用层的入侵检测系统是当务之急。

3. 智能入侵检测

随着攻击手段的多元化，入侵的方式也是层出不穷，应当加大对智能入侵检测的研究，用来解决入侵检测的自学习与自适应能力。

4. 与网络安全技术相结合

与防火墙、PKIX、安全电子交易等网络安全技术和电子商务技术相结合，完善网络安全保障。

5. 建立入侵检测系统评价体系

设计通用的入侵检测测试、评估方法和平台，实现对多种入侵检测系统的检测，已成为当前入侵检测系统的另一重要研究与发展领域。

当前我们对入侵检测技术发展的看法是：由于对通信技术安全性的要求越来越高，对网络服务的可靠性要求也越来越高，能够实现多层次防御的入侵检测技术必将大有前途。

第二章　信息加密与安全验证技术

第一节　对称密钥通信系统

人们在几千年之前就开始在战争中使用对称密钥进行保密通信了，传统的对称密钥加密方法是对字符进行加密处理；而现代的对称密钥系统主要是对二进制数据进行加密处理，而且更加复杂。但是，现代对称密钥加密算法仍然是在传统的加密算法的基础上发展起来的。

一、传统的对字符加密的方法

传统的加密算法是面向字符的，虽然现在已经过时了，但是计算机网络二进制数据的加密算法仍然利用了它的一些基本思想。传统的加密算法分为两大类：替换加密法和换位加密法。

（一）替换加密法

替换加密法采用符号替换的方法来进行加密。例如，将字母 A 替换为 D，将字母 T 替换为 Z；或者将数字 3 替换为 7，将 2 替换为 6。替换加密法可以分为单一字母替换法和多字母替换法两类。

1. 单一字母替换法

将明文中的一个符号总是替换为密文中的一个符号，二者在字母表中的位置替换规则是不变的，是一对一的和可逆向转换的。换言之，如果明文中的字母 A 被替换为密文中的字母 D，那么在整个加密和解密过程中，此关系是不变的。

2. 多字母替换法

明文中的一个符号随着其出现的位置不同，被替换为密文中的字符也不同，它们之间的关系是一对多的关系。例如，在明文开始时的符号 A 被替换为密文中的符号 D，但是在明文的后部出现的 A 却被替换为 N。为了实现这样的替换，我们先将明文分为固定长度的字符串，然后使用一组密钥进行替换。例如，将明文"THIS IS A EASY TASK"分为每3个字符一组，然后使用含有3个密钥的密钥组分别对每个明文组中的3个字符进行替换。

例如，将明文"HELLO"替换为密文"KHOOR"，这可能是单一字母替换，因为明文中的两个L都被替换为密文中的两个O。假如，明文"HELLO"替换为密文"ABNZF"，这就不是单一字母替换。

3. 移位加密法

最简单的单一字母替换法就是移位加密法。假设明文和密文中仅含有大写英文字母A～Z，每个字母在英文字母表中的顺序号是固定的（A=0，B=1，…，Z=25）。

移位加密算法使用一个数字作为移位密钥，例如：密钥=5，那么加密的过程就是将明文中的每个字母替换为一个密文字母，密文字母的序号=明文字母序号–5（mod 26）。

在解密时，将密文中的每个字母替换为一个明文字母，该明文字母序号=密文字母序号+5（mod 26）。其中的（mod 26）表示模26的加法。简单地说，在模26运算中，如果（字母序号+5）>26，那么该结果等于总和减去26所得的余数；如果（字母序号–5）<0，那么其值就等于差值加上26所得的数。

通俗地说，模运算就是将加、减、乘、除运算的结果除以模值，获取其余数。例如，设密钥=5，将明文 B 加密的计算过程是：1（B）–5=22（mod 26），得到密文 W（22）。解密的计算过程是：W（22）+5=1（B）（mod 26）。如果密文是 X，解密的计算过程是：23（X）+5=2（mod 26），得到明文 C（2）。又例如，设移位密钥=11，将报文"HELLO"进行移位加密的计算过程是：每次对一个字母加密，将每个明文字母的序号–11。因此，H→W，E→T，L→A，O→D。得到密文为"WTAAD"。在加密通信过程中，重要的是对密钥的保护，任何人得到了密钥都可将密文解密。

这种移位加密法也称为恺撒加密算法，因为恺撒大帝曾经使用这种加密方法与他的军队指挥官进行保密通信。

（二）换位加密法

换位加密法将明文分为固定长度的字串，然后将每个字串中的字母进行重新排位，而得到密文。它并不进行字母的替换，它的密钥是"明文与密文字符位置的转换映射表"。例如，设字符串的长度为4，加密时将明文的第1个字母换到密文的第3个字母，将明文的第2个字母换为密文的第1个字母，将明文的第3个字母换为密文的第4个字母，将明文的第4个字母换为密文的第2个字母。解密时的换位过程与加密时相反，通信的双方使用同样的密钥。

二、现代的数据加密基本方法

传统的加密方法是面向字符的,但是现代数据加密技术是信息安全的核心,需要加密的信息不仅有文本,而且还有数字、图表、音频和视频数据等。将这些信息转换为比特流,加密后再进行传输和存储,从而达到保护信息的目的。另外,将字符转换为二进制码后,每个字符由 8 或 16 个比特替代,即符号的数量增加到原来的 8 或 16 倍。对二进制码的加密处理比对字符的加密处理更简便和有效。现代加密策略比传统的加密方法更复杂,其中对称加密算法是下述各种基本的简单加密算法的复杂组合。

(一)异或加密法

异或(XOR)加密法是运用了计算机科学中二进制的异或运算进行加密的方法。将一组固定长度的二进制明文码组与同等长度的二进制密钥码组进行异或运算,产生出同样长度的二进制密文码组。异或加密法有一个有趣的特性,即加密和解密过程完全相同,因为用 1 个二进制密钥对 1 个二进制数进行两次异或运算后,就还原为原来的数据了。异或运算本质上属于无进位的模 2 加的运算(mod 2)。

例如,设密钥 K 为(11101001),明文 P 为(10010101),那么用此对称密钥的加密和解密过程如下:

加密过程:明文 P 10010101   解密过程:密文 C 01111100
        密钥 $K \oplus$ <u>11101001</u> ⟷ 密钥 $K \oplus$ <u>11101001</u>
        密文 C 01111100   明文 P 10010101

(二)循环移位加密法

循环移位加密法是将输入的二进制码组向左或向右移位循环的加密方法。这种加密方法可以使用密钥,也可以不用密钥。在使用密钥的循环移位加密中,密钥定义了循环的次数,在不用密钥的循环移位加密中,循环移位的次数是固定的。循环移位加密法可以看成传统的换位加密法的一种特例。循环移位加密法,可以由软件或硬件电路来实现。它的解密过程是使用相同的密钥,向相反的方向移位相同的次数。

循环移位加密法有一个有趣的特性,即如果输入的明文码组有 N 位,那么循环移位 N 次后,就还原得到输入的明文码组了。这意味着,将输入进行多于 $N-1$ 次的循环移位是无用的,即循环移位的次数应当介于 1~($N-1$)之间。

(三)S 盒加密法

S 盒(Substitution Box)加密法与传统的面向字符的替换加密法类似,

但是它输入的是 N 位的码组，而输出的是 M 位的不同的码组。长度 N 与 M 不一定相同。S 盒通常是不需密钥的，用于加密和解密的中间步骤。输入与输出之间的关系可以由数学关系式或查对照表的方式进行。

（四）P 盒加密法

P 盒（Permutation Box）加密法与传统的面向字符的换位加密法类似，但它处理的是比特码组，不需要密钥。有三种类型的 P 盒：直接换位 P 盒（Straight Permutation），输入与输出的码组长度相同；扩展换位 P 盒（Expansion Permutation），输出端口数大于输入端口数；压缩换位 P 盒（Compression Permutation），输出端口数小于输入端口数。

三、数据加密标准和先进加密标准

现代的对称密钥加密法属于循环加密法（Round Cipher），它们包含多重循环，每次循环都由基本加密技术组合而成。每次循环中使用的密钥由基本密钥（General Key）产生的一个子集或变换后的密钥构成，称为循环密钥。如果加密法中有 N 次循环，那么密钥发生器就要利用基本密钥来产生 N 个子密钥：K_1，K_2，……，K_N。其中：K_1 用于第 1 次循环加密，K_2 用于第 2 次循环加密，等等。

数据加密标准（DES）和先进加密标准（AES）这两个加密法也属于"数据块加密法"（Block Cipher），因为它们都是将明文分割为固定长度的数据块，对每个数据块用同样的密钥进行加密和解密。DES 是事实上的标准，AES 是正式的标准，二者都得到了广泛的应用。

（一）DES

DES 最初由 IBM 公司于 1975 年开发，1976 年被美国政府采纳为非军事和未分类领域应用的加密标准，如今已在互联网中得到广泛应用。DES 使用 58 位密钥（加上 8 位奇偶校验码后也称为 64 位基本密钥），对 64 位的明文块进行加密。

DES 对数据加密的过程中包含有两个换位加密模块 P 盒，分别对 64 位输入数据进行"初始换位"，以及对最后的 64 位输出数据进行"最后换位"处理，P 盒是不需要密钥的。换位的规则按照专用的换位表进行，最后换位的过程是初始换位的反向过程。

DES 中包含了对数据的 16 轮复杂的加密处理，每轮的处理过程相同，但是使用不同的子密钥，每个子密钥为 48 位，由同一个基本密钥经过循环密钥产生器提供。

DES 中的每一轮加密都是一个复杂的循环加密过程,先将输入的 64 位数据分为左 32 位和右 32 位,分别进行加密处理。第 i 轮的输出又送到第 $i+1$ 轮进行加密处理。注意,每一轮的加密过程和解密过程的数据流向是不同的,但是基本密钥相同。

DES 加密函数 $f(R_i, K_i)$ 是 DES 的核心部分。第 i 轮的 DES 加密函数利用 48 位的子密钥 K_i 对输入数据中的右半部分 32 位数组 R_i 进行加密,产生 32 位的输出。这 32 位的输出与 L_i 进行异或加密后,成为第 $i+1$ 轮的 R_i+1。加密函数 $f(R_i, K_i)$ 由 4 种基本加密操作组成:异或加密、扩展加密、替换加密、直接换位加密。

若对采用 56 位密钥的 DES 密文破译,如果采用依次尝试 56 位数组合的强力破译方法,那么最多需要尝试 2^{55} 次破译计算。1976 年,耗资 2 000 万美元的计算机,可以在一天中找到密钥。1993 年,采用 100 万美元的计算机,3.5 小时用穷举法可以找到密钥。1998 年,电子前哨基金会(EFF)宣布破译了 DES 算法,耗时不到三天时间,使用的是价值 25 万美元的"DES 破译机"。

(二)三重 DES 数据加密系统

1975 年 IBM 开发的 DES 使用 56 位的基本密钥,其安全性对于当时的计算机破译能力是足够的。但是随着计算机破译性能的日益增强,56 位密钥的 DES 逐渐显得安全性不够了。因此从 1998 年以后,美国政府不再采用 DES 作为联邦政府的加密标准,但是在此之前已经产生的大量的档案文件是用 DES 加密的。目前在很多保密通信中需要用更长的密钥来增强安全性,但是又希望采用了新的加密系统后,能够与过去 DES 加密的海量的档案文件兼容。这就导致了三重 DES(或 3DES)对称密钥加密系统的出现,即利用三个标准的 DES 模块对 64 位数据进行三次处理。在三重 DES 的加密过程中,采用 3 个标准的 DES 模块进行加密—解密—加密的处理过程;而在三重 DES 的解密过程中,采用 3 个 DES 进行解密—加密—解密的处理过程。三重 DES 有三种使用方法。

①采用 1 个基本密钥的三重 DES,为了对传统 DES 加密的文件档案解密,只要将 3 个基本密钥都设为相同的 Key1 即可,此时的三重 DES 就完全与标准 DES 兼容。

②采用 2 个不同的基本密钥的三重 DES,为了实现 112 位密钥的加密,并且能让 DES 对抗诸如中间人攻击等威胁,可采用 2 个不同密钥的三重 DES,其中第 1 和第 3 个基本密钥相同(Key1=Key3)。

③采用 3 个不同的基本密钥的三重 DES,在互联网银行、电子商务等需

要高强度保密的三重 DES 加密系统中采用 3 个不同的基本密钥，使其等效密钥总长达到 168 位。

（三）AES

AES 的开发原因是 DES 的密钥长度太短。虽然三重 DES 等效地增加了密钥长度，但导致了数据加密和解密处理速度变慢。2002 年 5 月美国国家标准与技术研究院（National Institute of Standards and Technology，NIST）正式采用了以两个比利时发明者文森特（Vincent Rijmen）和达门（Joan Daemen）的名字命名的 Rijndael 算法，作为先进加密标准 AES 的基础，用于保护政府部门的敏感但是不分类的信息。AES 是一个很复杂的循环加密方法，有三种密钥长度：128、192 或 256 位。AES 有三种不同的参数配置，它们的结构与操作过程是相同的，不同之处仅在于密钥的参数方式。AES 至少与三重 DES 一样安全，但是比三重 DES 处理速度快。

（四）其他几种对称密钥加密系统

在过去的几十年中还出现了其他的一些对称密钥的加密算法，其中大部分的结构与 DES 和 AES 类似。不同之处在于数据块的长度、密钥的长度、轮环加密的次数和使用的运算函数，但基本原理是相同的。

①国际数据加密算法（IDEA）由赖雪佳和詹姆斯·梅西（James Massey）开发。数据块为 64 位，密钥为 128 位。它的同一算法既可以加密，也可用于解密。国际数据加密算法可以由软件或硬件实现，软件实现的国际数据加密算法比 DES 快两倍。

②河豚（Blowfish）加密法，由施奈尔（Schneier）开发。数据块为 64 位，密钥长度在 32 至 448 之间。

③CAST-128 加密法由卡莱尔（Carlisle）和塔瓦雷斯（Tavares）开发，是一个具有 16 轮加密和 4 位数据的 Feistel 加密法，密钥为 128 位。

④RC5 加密法由里德斯（Rivest）开发，是一类具有不同的块长、密钥长和轮数的加密算法。

第二节 非对称密钥通信系统

非对称密钥通信系统也称为公开密钥通信系统，它使用两个密钥：私有密钥和公开密钥。本节将讨论两种算法：RSA 加密算法和迪菲-赫尔曼（Diffie-Hellman）密钥交换算法。

一、RSA 加密算法

最常用的公开密钥加密算法是 RSA，它的名称是三个发明者姓名的组合：里德斯（Rivest）、沙米尔（Shamir）和阿德曼（Adleman）。RSA 加密算法使用两个关键数字：公钥 e 和私钥 d。简单地比喻，接收方类似于网络银行服务器，发送方类似于网络银行客户端的 IE 浏览器，他们之间通过公开的互联网进行保密通信。该算法的数学基础是初等数论中的欧拉（Euler）定理，并建立在大整数因子分解的困难性之上。

（一）如何选择非对称密钥

公钥 e 和私钥 d 之间有特殊的数学关系，其原理涉及数论中的大数分解难题，这里我们仅介绍如何计算公钥 e 和私钥 d 的具体步骤：

①先选择两个很大的素数 p 和 q，素数是只能被自己和 1 整除的数字；

②将这两个素数相乘得到 $n=p\times q$，这就是加密和解密时的模数 n（modulus）；

③计算欧拉函数 $\Phi=(p-1)\times(q-1)$；

④随机选择一个整数 e，然后计算 d，使得 $d\times e=1$（modulus）；

⑤接收方将 e 作为公钥与模数 n 向公众发布，自己保留 Φ 和 d 作为秘密数字。

（二）发送方加密的过程

任何人都可以获取并使用公开的 e 和 n 向接收方发送需要保密的信息。例如，如果有一个发送方（如网络银行客户）要向接收方（如网络银行服务器）发送明文信息 P，他就用 e 和 n 将 P 加密为密文 C，然后发送出去。加密运算过程是：计算 P 的 e 次方，然后除以 n，取余数作为密文 C。加密计算公式如下：

$$C=P^e \pmod{n}$$

（三）接收方解密的过程

接收方持有两个只有自己知道的秘密数字 Φ 和 d，当他收到密文 C 后，进行解密运算。解密运算过程是：计算密文 C 的 d 次方，然后除以 n，取其余数即得明文 P。解密计算公式如下：

$$P=C^d \pmod{n}$$

（四）RSA 加密系统的限制条件

要使 RSA 能有效地工作，明文 P 的值必须是小于 n 的值。如果 P 是一个很大的数，就要将 P 分成小于 n 的若干个数据块，分别加密传输后，再解密合成明文 P。例如，如果接收方选择素数 $p=7$，$q=11$，那么模 $n=7\times 11=77$。数值 $\Phi=(7-1)\times(11-1)=60$。如果他选择 $e=13$，那么可以求出满足 $d\times e=1(\mod \Phi)$ 的数 $d=37$。于是将 e 和 n 的值公布给公众。

如果有一个人要发送明文 $P=5$，那么密文 $C=5^{13}=26(\mod 77)$。然后将密文 26 发送出去。当接收方收到密文 $C=26$ 后，使用自己的私钥 $d=37$，求出明文 $P=26^{37}=5(\mod 77)$。

（五）数据加密技术 DES 与 RSA 的比较

虽然 RSA 可以用来对任何信息进行加密通信，但是如果信息很长，那么加密和解密的运算量很大，速度较慢。因此 RSA 适合于传输较短的数字信息，或者用来传输对称密钥通信系统的密钥，如传输 DES 和 AES 的密钥、传输数字签名、进行身份认证等。

RSA 算法主要用于：

①互联网中客户机/服务器的多对一的保密通信：客户机用服务器提供的公钥 e 加密信息，服务器接收后用自己的私钥 d 解密收到的密文，获取信息；

②加密传递 DES 的对称密钥；

③对文件进行数字签名及验证：私钥 d 用于数字签名，公钥 e 用于验证。

二、迪菲－赫尔曼密钥交换算法

在密钥通信系统中，需要进行密钥的安全传送或定期更换。于 1976 年发布的以发明人的名字命名的迪菲-赫尔曼密钥交换算法，采用巧妙的方法让通信的双方间接地产生相同的密钥，以进行密钥的保密数据传输。当会话通信结束后此密钥就作废，不需将此密钥保存以作为下次使用，因为一个密钥的使用次数越多，越容易被破译，其安全性就降低了。对于这种一次性使用的密钥称为"会话密钥"（Session key）。在迪菲-赫尔曼密钥交换算法中，虽然此会话密钥的产生是通过互联网进行的，但真正的密钥并不经过互联网传输，因此能有效防止密钥的泄露，这种一次性的会话密钥已得到广泛应用。

假设通信的双方需要通过公开渠道进行协商，产生一个会话密钥来进行保密通信。在产生密钥之前，双方需要共同选择两个数即 p 和 g。第一个数 p 是很大的素数（二进制数 1024 位，十进制数 300 位），第二个数 g 是个随机数，这两个数不需要保密，它们可以通过互联网传输，也可以公开发布。

（一）通信双方产生密钥的过程

通信的双方通过公开信道协商，产生同样密钥的过程如下。双方已选择并公开 p 和 g。

①小李选择一个随机数 x，并计算出 $R_1 = g^x \pmod{p}$；

②小张选择了另一个随机数 y，并计算出 $R_2 = g^y \pmod{p}$；

③小李通过公网将 R_1 发送给小张（注意，小李没有发送自己的随机数 x），小张用收到的 R_1 计算出密钥 $K = (R_1)^y \pmod{p}$；

④小张通过公网将 R_2 发送给小李（注意，小张没有发送自己的随机数 y），小李用收到的 R_2 计算出密钥 $K = (R_2)^x \pmod{p}$；

⑤双方都获得了同样的密钥 K，而上述过程中 K 并没有通过公网传输。

上述过程的证明很简单，将上述第①步的 R_1 表达式，代入第③步的表达式中，并利用模数运算的规则，得到以下结果：

$$K = (R_1)^y \pmod{p} = (g^x \bmod p)^y \pmod{p}$$
$$= (g^y \bmod p)^x \pmod{p} = (R_2)^x \pmod{p}$$

虽然小张不知道小李的 x，小李也不知道小张的 y，但是他们都各自通过计算得到了相同的密钥 K。迪菲-赫尔曼协议得到的共享密钥为 $K = g^{xy} \pmod{p}$。在此过程中密钥没有在两者间传输，保障了密钥的安全。

例如，假设通信的双方小李和小张都约定并公开数值 $g=7$、$p=23$（实际这两个值很大），那么他们利用公开信道分别产生相同密钥的过程如下：

①小李选择一个随机数 $x=3$，计算出 $R_1 = 7^3 \pmod{23} = 21$；

②小张选择一个随机数 $y=6$，计算出 $R_2 = 7^6 \pmod{23} = 4$；

③小李将数值 21 传给小张，小张计算出密钥 $K = 21^6 \pmod{23} = 18$；

④小张将数值 4 传给小李，小李计算出密钥 $K = 4^3 \pmod{23} = 18$。

小李和小张得到的密钥是相同的：$g^{xy} \pmod{p} = 7^{18} \pmod{23} = 18$。如果有第三者通过公网知道了公开的 p 和 g，并截获了传输的 R_1 和 R_2，但是不知道 x 或 y，他也不可能算出密钥 K。

（二）迪菲-赫尔曼密钥交换协议的基本原理

迪菲-赫尔曼密钥交换协议的原理实际上非常巧妙地利用了幂运算中的一个简单的方法。将小李和小张之前的密钥看成由 3 个部分所组成：g、x 和 y。其中 g 是大家都知道的公开数值。小李收到 g^y 后进行 x 次方运算，小张收到 g^x 后进行 y 次方运算，他们分别得到了未经网络传输的相同的密钥。迪菲-赫尔曼算法利用了指数运算的一个很简单的特性，即 $g^{xy} = g^{yx}$；也利用了乘法运算的可互换性质，即 $xy = yx$。

（三）迪菲-赫尔曼协议对抗中间人攻击的措施

迪菲-赫尔曼密钥交换算法是一个很好的产生密钥的方法，如果 x 和 y 的数值够大，窃听者即使知道了公开的 p 和 g，也很难算出密钥。如果窃听者还截获了 R_1 和 R_2，要从 R_1 中找到 x，要从 R_2 中找到 y，也是很困难的。即使用最快的计算机来搜索此密钥，也要数年的时间。另外，用此方法产生的会话密钥仅用一次，下一次通信时又换成另外的密钥。

然而迪菲-赫尔曼协议也有一个潜在的问题，窃听者可以用中间人的方法获取通信的秘密，而不需要知道 x 和 y，这成为"中间人攻击"。

进行中间人攻击的过程如下：窃听者可以装扮成小张与小李联系，与小李协商后产生一个密钥 K_1。然后他再装扮成小李与小张联系，与小张协商后又产生了另外一个密钥 K_2。这样，窃听者就可以在小李和小张之间充当一个转发信息的中间人，而他们在通信的时候完全察觉不到有中间人的存在。因为中间人可从公开渠道获知 g 和 p 两个数据，窃听者实施的中间人攻击过程如下：

①小李选择了一个随机数 x，计算 $R_1=g^x \pmod{p}$，将 R_1 发给小张；

②窃听者截获了 R_1，他选择一个随机数 z，计算 $R_2=g^z \pmod{p}$，将 R_2 同时发给小李和小张；

③小张选择随机数 y，计算 $R_3=g^y \pmod{p}$，将 R_3 发给小李，但是被窃听者截获；

④小李与窃听者协商后计算出他们两人的共享密钥 $K_1=g^{xz} \pmod{p}$，小李误认为对方就是小张；

⑤小张与窃听者计算出他们两人的共享密钥 $K_2=g^{zy} \pmod{p}$，小张误认为对方就是小李。

上述过程中产生了两个密钥 K_1 和 K_2，小李用 K 加密信息后发给小张，但是被窃听者收到并解密，然后窃听者将小李的信息用 K_2 加密后发给小张，小张收到后用 K_2 解密。同样，当小张要发送信息给小李时，信息也被窃听者用同样的方法截获，他们都被窃听者欺骗了，信息已被泄露。例如，在以太网中利用 ARP 诱骗技术，第三者很容易插入内网客户与外网服务器之间，实现这样的中间人攻击。

防止在使用迪菲-赫尔曼算法时产生中间人攻击的方法是，小李和小张首先相互之间进行身份认证。换言之，通过网络交换数据来产生密钥之前，先进行相互之间的身份认证，就可以防止中间人攻击的行为出现。在互联网中常用 X.509 数字证书进行身份认证。

第三节　信息安全技术服务

信息安全技术能够提供的服务有 5 种，其中 4 种属于用网络传输信息的安全服务：信息的保密和隐私、信息的完整性验证、信息源的认证、防拒认。第 5 种服务是提供对网络基础设备的认证与识别。

①信息的保密和隐私：发送方和接收方希望传输的信息仅局限于通信双方内部交流，这些信息是不希望被第三方知道的。例如，当客户与银行进行网络交易时，双方都需要对传输数据保密。常用的技术有 DES、三重 DES、RSA 等。

②信息的完整性验证：传输的数据必须准确地被接受方收到，并且数据在传输的过程中没有被无意地或故意地改变。当越来越多的金融交易在互联网上传输时，保证数据信息传输的完整性成为一个关键问题。例如，如果用户要在网络银行上进行 100 元的转账，结果却被中间人篡改为 1 000 000 元，这就是一个灾难性的后果。报文的完整性验证一般使用报文哈希（Hash）值或报文摘要，常用的技术有 SHA-1、SHA-256、MD5、CRC-32 等。

③信息源的认证：信息的接收方需要确认信息发送者或签发者的身份，以防冒名顶替，对每个重要文件都要分别验证其签发者的签名。常用的技术有对文件的数字签名等。报文的哈希值只对报文的完整性进行验证，而报文鉴别码是利用签发者的私钥对报文的哈希值加密后得到的数值，如果接收方利用签发者的公钥对报文认证码解密后获得了正确的哈希值，那么就可同时验证报文的完整性以及签发者的身份。

④信息签发者的防拒认：如果发送方曾经发送过信息给接收方，但是却否认是自己发送的，那么接收方就要提出证据，防止抵赖。例如，当一个网络银行的客户从网络上将资金从一个账户转移到另一个账户，银行就需要有证据表明这个转账确实是该客户要求做的，是不可抵赖的。常用的技术有 DSS 数字签名、RSA 等。

⑤网络实体的认证识别：网络实体指的是网络用户或主机设备等，当实体要访问系统的资源时，必须要先对双方的真实身份进行认证，通过认证后，在本次通信过程中的具体操作就不需要再认证了。例如，当客户要通过一个主机浏览器访问网络银行服务器时必须要认证此服务器是否钓鱼网站，以及客户是否为合法的注册用户，双方都通过身份认证后，在本次上网会话期间就不需要再重复验证了。常用的技术有 X.509 数字证书、用户账号和口令、主机物理地址和 IP 地址等。

一、网络信息的保密通信

在通信网络中需要对传输的信息进行保密，防止隐私的泄露。发送方将明文信息转换为密文，接收方对密文进行解密，第三方窃听者收到密文后无法破解其中的内容。现代信息加密技术分为两大类：对称密钥加密技术（也称为秘密密钥加密技术）、非对称密钥加密技术（也称为公开密钥加密技术）。

（一）利用对称密钥的保密通信

此系统中，发送方与接收方在通信的时候使用相同的密钥分别进行加密和解密，密钥的使用次数越多和使用时间越长，它的安全性就越低，因为当窃听者获得足够多的密文样本后，就可利用功能强大的计算机来破解加密的密钥。因此，一个密钥的使用次数和时间是受限制的，过使用期后就将此密钥报废，我们称这样的一次性密钥为会话密钥，保密通信的双方可以是两个特定的个体，例如，两个朋友之间或军队的上级和下级之间等。在过去，我们可以派遣信使进行对称密钥的人工传递。但是，如今很多保密通信的应用领域是不可能采用这种方法的，如海军基地与潜艇之间的密钥传递等，另外，保密通信用户数量十分巨大，需要采用更加有效的方法来传递和更换对称密钥。

为了提高对称密钥通信的安全性，通信的双方也可以同时使用两个不同的对称密钥。甲方发送给乙方的信息用对称密钥 K_1 加密，而乙方发送给甲方的信息用对称密钥 K_2 加密，如 SSL 协议就采用这样的方法，即使其中一个密钥被破解了，只会泄露一个方向的通信数据，而另一个方向的数据依然保密。

用对称密钥进行信息的加密和解密过程，可以用软件或硬件来实现，它的加密速度比非对称密钥通信快，通常用于加密传输较长的报文信息。

（二）利用非对称密钥的保密通信

非对称密钥保密通信使用两个密钥即公开密钥和私有密钥，如 RSA 加密算法等，它有两类用法。

第一类，用于加密通信。例如在网络银行系统中，服务器（信息的接收方）将自己的公开密钥发布在网页中，银行的客户（信息的发送方）用浏览器访问银行网页获取它的公开密钥后，将信息加密发给银行，银行利用只有自己知道的私有密钥将收到的密文解密。非对称密钥的保密通信存在以下几个问题，首先使用的密钥长度必须很长（例如 4096 bit），对信息加密和解密的运算量很大，效率较低，不适合加密长的信息。另外，客户（信息的发送方）

必须要确认他从网站获得的公钥确实是来自银行（接收方）的，而不是来自第三方冒名顶替者的。因为窃秘者也可以设置一个与网络银行完全相似的"钓鱼网站"，将窃密者的公开密钥发给客户下载，由此套取客户的机密信息。

第二类，用于身份验证。银行发送一个不需要保密的账单给客户，但须对此账单进行数字签名，即银行用自己的私有密钥对账单的哈希值加密。客户收到账单后，利用银行的公开密钥对账单的加密哈希值进行解密。如果成功，就证明了此账单确实是该银行签发的，并且未受篡改。

二、报文的完整性验证

通信中对信息的加密和解密处理可以提供信息的保密，但是不能验证信息是否完整。在有些网络应用中，我们不需要对信息保密，但是需要防止信息被非法修改。例如，对一张税务发票上的内容是不需要保密的，但是要防止对发票上数据的非法修改。又如，李先生去世前留下遗嘱，指定了自己遗产的继承者，遗嘱是不需要保密的，但是要防止被别人非法修改。再如，有些网站提供大量的免费软件或图片资料下载，用户需要验证这些免费下载软件是否被篡改过或被捆绑了恶意的木马程序等。

（一）纸质文件与指纹印记

用于验证纸质文件内容完整性的一种方法是使用指纹技术，例如，李先生可以在自己的遗嘱文件上以及律师那里分别留下指纹印记，他去世后可以通过对照律师保管的指纹的方式来确认遗嘱文件的真伪。又如，银行可以将收到的支票上的印章与银行内留存的印章样本进行对照，来鉴别支票的真伪性。

（二）电子报文与报文摘要

为了验证电子文件的完整性可以采用某种算法（SHA、MD5等）从该文件中计算出一个报文摘要，由此摘要来鉴别此报文是否被非法修改过。一个报文与该报文产生的报文摘要是配对的。例如，"校验和"与"CRC校验码"用于鉴别传输后的数据是否出错，这也属于文件完整性的验证。发送方从要发送的报文数据中按照某种约定的算法计算出报文摘要，再用自己的私有密钥将报文摘要加密，然后附加在报文后部一起传输。加密后的报文摘要也称为"报文认证码"，接收方从收到的报文中按照约定的算法计算出报文摘要，再利用发送方的公开密钥将收到的加密摘要解密，进行二者对照，就可检验出该报文是否被篡改过。因为收到的加密摘要是用发送方的私有密钥加密的，接收方只有用发送方的公开密钥解密才能得到正确的摘要，伪造者如果篡改了报文就不可能产生与原报文相同的报文摘要。在此过程中即实现了对发送文件的"数字签名",它包含两个目的:一是验证报文发送者的真实性,二是验证报文传输后是否出错或被篡改。

由于用"校验和"算法来产生报文摘要存在一些不足,实际中常用哈希算法来产生报文摘要。"纸质文件加指纹印记"和"电子报文加摘要"这两种验证方法的基本概念是相同的,差别在于前者是用物理方法将"纸质文件"与"指纹印记"联系起来,它们都不需要保密;而后者的"摘要"是从电子报文中计算产生的。

（三）哈希算法须满足的条件

哈希算法也称为散列函数,利用哈希算法从发送的报文数据中计算出哈希值（也称为散列值）。接收端利用报文摘要判别报文的完整性。选择哈希算法必须满足3个条件:单向性、弱冲突的抗拒性、强冲突的抗拒性。

①单向性:用户发送的报文长度是各不相同的,要从不同长度的报文中计算产生出固定长度的报文摘要,并且不能利用报文摘要反向推测出原来的报文内容以及报文长度。这称为哈希算法的单向性。

②弱冲突的抗拒性:当给定一个报文并计算出它的摘要,其他人要找到具有相同摘要的报文是很困难的,甚至是不可能的。如果有两个报文产生了同样的摘要,就称为产生了冲突。

③强冲突的抗拒性:要防止发送方能够产生具有同样摘要的两个报文,否则发送方发送了一个报文后,可利用保留的第二个报文摘要来否认自己曾经发送过的第一个报文的内容。例如,在商务合同中要防止不同的合同内容具有相同的报文摘要。这种冲突比上一种情况具有更严格的要求,因此称为强冲突的抗拒性。报文摘要的长度越长,产生冲突的概率就越小,例如SHA-1的哈希值长度为160bits,而SHA-256的哈希值长度为256bits,因此更安全。

满足上述3个条件的哈希值可用于检验报文的完整性,并且能够作为文件的ID标识。

（四）安全哈希算法SHA-1和报文摘要MD5

有多种不同的哈希算法,最常用的是安全哈希算法SHA-1（Secure Hash Algorithm 1）,它是美国国家标准与技术研究院设计的SHA版本1,也被公布为美国联邦信息处理标准（FIPS）。

用SHA-1算法从报文中计算摘要的过程如下:先将任意长的报文按照固定长度512bits分段为数据块,如果最后的数据块不足512bits,则不足部分用0填充。首先,在一个Nbits的缓存器中存放着通信双方事先商定的秘密初始值，将此 Nbits 的初始值与报文第 1 个 512bits 数据块在处理器中进行复杂的运算，产生出第 1 个 Nbits 的中间摘要。再将第 1 个中间摘要作为初始值与第 2 个报文数据块在第 2 个处理器中进行复杂的运算，产生出第 2 个 Nbits 的中间摘要。按此处理，直到产生出最后一个 Nbits 的报文摘要，这就是整个报文的输出结果。在 SHA-1 算法中，摘要长度 $N=160$ 位。

因为 SHA-1 是公开的标准算法，如果通信双方每次会话前都重新设置缓存器中的秘密初始值，那么在不同的会话中传输同样的报文，其 SHA-1 的报文摘要都不同。这可防止重放攻击，即不知道初始值的人不可能获得正确的报文摘要，加强了此报文摘要的安全性与可靠性。

MD5 是早期的报文摘要算法，其算法结构类似 SHA，但是没有缓存器初始值，产生的报文摘要为 128 位。使用中 SHA 的运算速度比 MD5 慢 25%，产生的报文摘要长度增加 25%，但是 SHA 增加了让通信双方预设缓存器的秘密初始值等改进措施，等效于可进行通信双方的身份认证，因此 SHA 比 MD5 更安全。MD5 仅用于对安全性要求不很高的地方。

网络通信中有两种方法用于传输报文与报文摘要。第一种方法将"摘要"与"报文"通过同一信道传输，这就需要对"摘要"进行加密处理，产生一个"加密的摘要"，也称为"报文认证码"。第二种方法不必将摘要加密，而是将报文与该报文的摘要分别通过两种信道传输。例如，可将文件通过电子邮件发送给接收者，而将该文件的报文摘要（即不加密的哈希值）通过移动通信系统发送到接收者的手机短信上，接受者用它与从电子邮箱收到的文件中计算出的哈希值比较而验证文件的完整性。

Hash Tab 是一个优秀的免费 Windows 外壳扩展程序，可以从开发方网站下载最新版本，安装后在 C：\Windows\System32 下生成 Hash Tab.dll 文件。

Hash Tab 用途举例：

①当用户从某网站下载了一个软件，为了判断此软件是否被篡改过或被嵌入了恶意木马等程序，可以利用此"文件校验"栏自动计算出该软件的哈希值，然后将该软件开发者或下载网站在下载文件描述中给出的标准校验码填入格栏中，单击"比较"，就可判断该软件的真伪；

②对公司的财务报表数据文件、银行的重要档案文件等存储或传输后的日常完整性校验。

（五）报文签发者的身份认证

利用由哈希算法产生的报文摘要，可以判断报文是否被篡改或出错，但是还不能判断收到的报文是真实的发送方签发的，还是冒名顶替者发出的。

因此还需要对报文摘要进行加密处理，产生一个"报文认证码"，由此实现对报文发送者的身份确认。对报文摘要加密来获得报文认证码的方式有3种。

①采用对称密钥加密。收发双方必须事先约定相同的对称密钥，接收方对收到的报文认证码解密，获得报文摘要，与收到的报文摘要比较，进行完整性检测，同时可确认发送方的身份。

②用非对称密钥加密。发送方用自己的私有密钥对报文摘要加密，接收方从公开的渠道获得发送方的公开密钥，对收到的报文认证码解密，获得发送方的报文摘要，与自己收到的报文摘要进行比较，如果二者相同也就证实了发送者的身份。

③收发双方事先约定一个秘密值。发送方根据此秘密值产生报文摘要，接收方必须具有事先约定的相同的秘密值才能得到正确的报文摘要。

三、对报文的数字签名

虽然报文认证码可以提供对报文的完整性和身份认证，但是它不能取代发送者对报文的数字签名。当发送方向接收方发送一个文件时，为了证明此文件是自己发送的，而不是冒名顶替者发的，他就在文件上进行数字签名。

①通常在传统的纸质文件上签名时，签名与文件成为一个整体，而不是分离的两个文件。但是，对电子文件进行数字签名时，电子文件和数字签名是两个不同的文件：报文和签名。接收方收到这两个文件后，使用数字签名来判断电子文件是否来自真实的发送者。

②对传统的文件签名时，一个签名可以针对很多不同的文件。但是，对数字文件的签名是一对一的，每个报文有一个签名，同一签发者对不同报文的数字签名是不同的。另外，数字签名也应当与时间戳（timestamp）联系起来，这是为了防止重复使用同一个数字签名。例如，小李签发了一个报文给小张，让他付一笔钱给小刘，如果小刘收到钱后，又获得了小李的报文和数字签名，他就可再次用它向小张要求重复付一次款。加上时间戳后，就可防止同一个文件及签名的重复冒用。

③数字签名使用一对非对称密钥：一个公开密钥和一个私有密钥。发送方使用自己的私有密钥和一个签名算法对文件签名，任何人利用发送方的公开密钥和签名算法都可以验证此签名是发送方的。例如，微软发行的软件产品中都有自己的数字签名，供用户进行验证。数字签名不能使用对称密钥。

④数字签名可以用两种方式：对整个报文签名，或只对报文摘要进行签名。对整个报文签名，就是发送方使用自己的私有密钥将整个报文加密，接收方使用发送方的公开密钥进行解密，获得整个报文，这种签名运算量太大。

对报文摘要签名,运算量较小。

注意区别:在数字签名中使用的是发送方的私有密钥和公开密钥,而在非对称密钥的保密通信中,使用的是接收方的公开密钥和私有密钥。

⑤数字签名可实现三种服务:报文的完整性验证、报文发送者的身份认证、防止报文发送者的拒认。但是数字签名不能提供对传输信息的保密,如果需要保密通信,可以使用对称密钥或非对称密钥对报文和签名进行加密。

⑥数字签名的标准:已经开发了几种不同的数字签名技术,使用比较多的是 RSA 和 DSS,后者可能将来会成为数字签名的技术标准。

四、网络实体的身份认证

"网络实体"指的是网络用户、通信进程、客户机或服务器。一个需要表明自己身份的实体称为"申明人"(claimant),而需要对某实体的身份进行核实的一方称为"核验者"(verifier)。

实体认证与报文验证的区别有两点。第一,对报文签发者的验证不需要实时进行,而对实体的身份认证需要实时处理。例如,当小李发送一个电子邮件报文给小张时,小张对收到的邮件报文验证其签发者身份的时候,小李可能已经不在通信的进程中;而当小李需要与小张 QQ 聊天时,首先必须利用用户名和口令向对方表明自己的身份(实体认证),他必须在线等候,直到小张对他的身份认可后,才可进行双方的通信。又如当客户从自动取款机中取到钱之前,首先要通过实体的身份认证。第二,一个报文的验证码或数字签名仅对该报文有效,对下一个报文也要重复验证过程,而实体一旦通过认证后,其认证结果在整个会话过程中都是有效的。例如,当通过用户名和口令登录进入计算机系统之后,其余的操作不再重复进行身份验证。

一个实体要证实自己的身份,必须具有以下 3 种证物之一:①知道某些事物,即他必须知道某个只有核验者知道的事物,如口令、个人身份证号、一个秘密密钥或一个私有密钥;②具有某些物件,如个人护照、个人驾驶证、信用卡、智能卡等;③本身具有的某些特征,如手写体签字、指纹、面部特征、语音、视网膜图案等。

(一)口令身份认证

口令是最简单和最古老的实体认证方法。当用户需要登录一个系统时,就需要一个口令。可以将口令分为两类:固定口令和一次性口令。

1. 固定口令

固定口令是长期重复使用的口令,虽然个人便于记忆,但是面临以下几种攻击。

①窃听和窥视：当小李在访问电子邮件服务器时键入并发送自己的口令，窃听者可以捕获网络上传输的登录数据，获取其中的口令。

②偷窃口令：如果口令被写在纸上，偷窃者可以用物理的方式获得小李的口令。因此，口令应当便于记忆，而不能写在容易被丢失的地方。

③访问口令文件：黑客可以进入小李的计算机系统，从系统的口令文件中获得口令。口令文件应当被设置为管理员权限的读/写保护。

④猜测：黑客可以通过猜测的方式寻找小李的系统登录口令，如小李的生日、小李的幼名、汽车牌号、电话号码等。黑客也可以用计算机进行暴力式的口令破解，即尝试所有的不同字符的组合。

对固定口令的保护方法是：口令应当不短于6位字符，应当是数字与大小写字母的组合。用户在向邮件服务器申请登录时，不传输口令，而是传输口令的哈希值，服务器端求出保存的用户口令的哈希值（例如 MD5 值）与其进行核对。网络窃密者捕获到网络数据中口令的哈希值后不能反向推测出口令。这种方法的缺点是不能防范重放攻击。

2. 一次性口令

一次性口令即每个口令只使用一次，不重复使用，不必担心被窃听或偷窃。例如，小李首先向管理机构申请到一个一次性口令用于与小张通信的身份认证，下次通信之前必须再申请新的口令。

（二）挑战—应答式身份认证

在互联网应用中常用口令对用户进行身份认证。点对点协议（PPP）使用的身份认证技术有两种：一种是口令认证协议（PAP），它通过网络传输的口令容易被泄露，另一种方法是挑战—应答身份认证协议（CHAP），申明人通过间接的方式向核验者表明自己知道某个约定的秘密口令，而口令并不通过网络传输。以下是两种常用的挑战值选择方法。

1. 使用随机数作为挑战值

当网络客户小李（申明人）需要向服务器（核验者）登录时，服务器向客户小李发送一个挑战值（Challenge），这是一个一次性使用的随机数 R_B。客户小李利用事先约定的加密算法和秘密值 K_{AB} 对挑战值进行加密计算，将计算结果返回给服务器，由此证明自己知道此秘密值 K_{AB}。服务器收到应答后，利用自己保存的秘密值 K_{AB} 对返回的结果进行解密而获得 R'_B，如果此 R'_B 与自己发出的随机数 R'_B 相同，就证实了客户的身份。在此过程中，客户与服务器必须持有相同的对称密钥 K_{AB}，服务器还要保留发送的随机数 R_B，以便

与客户的应答数值 R'_B 进行对比,会话结束后再抛弃此 R_B。由于挑战值是一次性使用的随机数,每次申请登录得到的挑战值都不同,因此可以防止第三方黑客的重放攻击。

互联网应用中,客户登录 Web 服务器的身份认证方法之一是:当 Web 服务器收到客户的登录请求后,产生一个 4 位十六进制的随机数 R_B 并用图片的方式发送到客户浏览器,4 位十六进制数大小不一,而且还要加入黑点干扰图案。客户读出图片上的数值 R_B,与自己的用户名和口令一起填写入浏览器上的表单,然后启用 MD5 计算器计算出此三个值组合的 MD5 值,将其发送给服务器。服务器利用本机中保存的用户名、口令和 R_B 用同样的方法计算出它们的 MD5 值,与收到的客户 MD5 值进行比较,实现身份验证。此验证过程的优点:①口令明文没有在网络上传输,可防止口令在中途泄密;②尽管每次客户登录时采用的用户名和口令是相同的,但是服务器发来的随机数 R_B 不同,因此在网络上传输的身份认证的 MD5 值是不同的,这样可防止冒名顶替的重放攻击。

2. 使用时间戳作为挑战值

第二种登录身份认证方式是使用时间戳作为挑战值,它是随时间而变化的。客户每次登录时利用与服务器事先约定的对称密钥 K_{AB} 将用户名和本机的时间值加密,并发送给服务器。服务器收到后解密并获取用户名,完成身份验证。这种方案的优点是客户使用不变的用户名与当前时间作为挑战值,因此每次登录时网络传输的加密数据都不同,这样可以防止黑客冒名顶替的重放攻击。缺点是要求服务器与客户机的系统时间要准确同步。

(三) 使用加密的哈希值进行身份认证

在挑战—应答身份认证中,需要将整个认证参数加密后在网络上传输,存在一定的风险。另一种方案是传输加密后的认证参数的哈希值。这有两个优点:第一,有些加密/解密算法是禁止出口到某些外国的,因此用对称密钥加密就受到国际网络通信的限制;第二,使用加密的哈希值,可以保证挑战值和秘密值的完整性,这时不需要将秘密值 K_{AB} 通过网络传输。

(四) 使用非对称密钥加密挑战值的身份认证

使用非对称密钥加密挑战值的身份认证共分三个步骤。第 1 步:客户小李持有自己的私有密钥,首先用自己的用户名向服务器小张发送登录请求。第 2 步:服务器小张利用小李的公开密钥,对自己的用户名小张和一个随机数 R_B 加密,然后发送给小李。第 3 步:小李用自己的私有密钥解密,获得服务器名小张和随机数 R_B，将 R_B 返回给服务器，服务器小张对比返回的 R_B 是否正确，由此确认客户小李的身份。此认证过程的前提是小李的非对称密钥是全球唯一的。

五、对称密钥系统的密钥分配

对长的报文进行保密通信时，使用对称密钥通信比使用非对称密钥通信具有更高的效率，但是它需要通信的双方都持有相同的加密和解密密钥，并且还要经常更换。如果小李要与 N 个人进行保密通信，他就需要有 N 个不同的对称密钥。如果 N 个人要与其中任何人进行一对一的保密通信，那么共需要 $N(N-1)/2$ 个密钥。当人数 N 很大的时候，密钥的数量就会很大，并且对称密钥的分配和传送也是一个大问题。因此需要设置专门的机构为用户提供密钥的分配与管理。

（一）对称密钥分配中心

为了向用户提供密钥的分配与管理，一种方法是设立一个大家都信任的密钥分配中心，每个人都与密钥分配中心建立一个对称密钥。小李的密钥是 K_L，小张的密钥是 K_Z，以此类推。当小李要与小张进行保密通信时，步骤如下：

①小李向密钥分配中心发送一个请求，说明他需要获取一个临时的会话密钥与小张进行通信；

②密钥分配中心用 K_L 将小李的请求解密后，再将此请求用 K_Z 加密转发给小张；

③如果小张也同意与小李通信，那么密钥分配中心就产生一个 K_{LZ} 会话密钥分别加密后发给小李和小张；

④小李和小张之间利用 K_{LZ} 进行保密通信，通信结束后，K_{LZ} 作废，下次通信再重新申请会话密钥。

在此过程中，K_L 和 K_Z 只是分别用于小李和小张与密钥分配中心的单线联系和认证，防止别人的冒名顶替。

（二）会话密钥与票据的概念

用户小李与密钥分配中心的对称密钥 K_L 仅用于二者之间内部加密通信，此类密钥的使用期相对较长。小李使用密钥分配中心提供的 K_{LZ} 会话密钥与小张通信，通信结束后此会话密钥作废，会话密钥是仅使用一次的对称密钥。产生与传递会话密钥的过程中还实现了让小张确认小李身份的功能，前提是密钥分配中心为大家所信任。

第 1 步：用户小李用明文向密钥分配中心申请一个会话密钥，希望用于自己与小张的保密通信，明文中包含已注册的用户名"小李、小张"。

第 2 步：密钥分配中心收到小李的请求后，产生一个"票据"，票据是一组临时组合的数据，其中包含本次会话双方的用户名小李、小张和会话密钥 K_{LZ}。将此票据用小张与密钥分配中心共享的密钥 K_Z 加密，再与会话密钥 K_{LZ} 一起用小李与密钥分配中心共享的密钥 K_L 加密，然后发给小李。小李收到后，用 K_L 解密，获得会话密钥 K_{LZ}，并取出票据。因为小李不知道 K_Z，所以他不可能也不需要对 K_Z 加密的票据解密。

第 3 步：小李取出收到的 K_Z 加密的票据，并将其直接转发给小张。小张用 K_Z 解密获得票据，知道小李要与他会话，并且会话密钥是 K_{LZ}。因为 K_Z 只有密钥分配中心与小张知道，只有用 K_Z 解密才能获得票据中的内容，因此小张也间接地证实了小李的合法身份，以及 K_{LZ} 的可靠性。

（三）Kerberos 认证服务系统与对称密钥管理

在一个有数万用户的开放式的园区网中（如大型校园网、企业网等），有大量的服务器和网络计算机分散设置在各楼栋中，任何人都可以用计算机接入网络，通过 DHCP 即动态主机配置协议获取 IP 参数后访问园区网内服务器的资源。为了控制外来用户未经许可地访问网络资源，一种方法是将网络内计算机的 MAC/IP 地址绑定，不用 DHCP 服务器，但是这大大增加了网络管理人员的工作量，又限制了日益普及的便携式移动计算机在园区网的应用。另外，这种方法不能防止非法用户通过操作网内的合法计算机获取服务器的资源。为了对抗这样的安全隐患，用户和服务器必须进行相互之间的双向身份认证。但是，如果在一个大型园区网中，大量服务器都要各自承担对客户的认证工作，那么这样的工作负担是很大的，它降低了 Web 服务器的工作效率。

现在广泛采用的是 Kerberos 3A 认证管理系统，它将园区网中所有的客户／服务器双向认证工作都交给一个认证服务器（AS）统一管理，在它的数据库中保存了所有用户的注册名和口令。同时，它分别与每一台服务器之间共用一个唯一的对称密钥。认证服务器集中承担了全网内对客户的 3A 认证／计费／授权工作，同时又不妨碍每个用户的高速网络接入。

Kerberos 是为 TCP/IP 网络系统设计的可信的第三方认证协议，同时也是一个密钥分配系统。Kerberos 采用基于 DES 的对称加密算法，但也可以用其他算法替代。Kerberos 是一个在园区网中获得广泛应用的认证协议，Windows2000 等服务器系统都支持该协议。

Kerberos 系统的优点：用户只持有自己与认证服务器之间的对称口令，此口令不在网络上传输，无泄露口令的可能性；实现了对用户和数据服务器双方的身份认证，双方都不需要持有较复杂的 CA 数字证书，使用方便；为用户与数据服务器之间的通信提供了会话密钥，系统不采用公钥加密体制。因此 Kerberos 协议适用于校园网等大量用户的统一的 3A 认证/计费/授权管理，减轻了应用服务器对客户认证的工作负担。Kerberos 系统的另一个优点是不需要以太网用户增加额外的软件或设备。

Kerberos 的有些版本中对一些操作细节做了简化处理。例如，当用户通过了 Kerberos 的 3A 上网认证后，用户与应用服务器之间的通信仍用明文传输，取消了密钥分配中心对称密钥管理和加密通信功能，通过身份认证的用户可访问网络上所有的服务器群。

六、非对称密钥系统的公钥发布方式

在基于互联网的非对称密钥加密系统中，用户将自己的公钥公布于众，让别人利用公钥向他发送机密信息，用户用自己持有的私有密钥解密收到的信息。用户的公开密钥的发布方式有如下几种。

（一）用户发布自己的公钥

小张可以将自己的公开密钥发布在自己的网站上，或刊登在报纸上。当小李需要发送一个机密信息给小张时，他从小张的网站或报纸上下载公钥，或直接向小张索取。这种方式简单，但是安全性不高。如果有一个黑客冒名顶替发布了一个"小张的公钥"，那么小李就可能被骗。黑客可以用假的私有密钥对一个文件签名，让大家都认为该文件是小张签的名，也可以用中间人的方法将小张发送给小李的公钥替换掉。

（二）可信任的公钥发布中心

与 114 查号服务台类似，设立一个公众都可信任的公钥发布中心，每个用户都可以将自己的公开密钥放在中心供查询下载，自己保存私有密钥。公钥中心要求对每个存放公钥的人进行身份认证。如果小李要向小张发送机密信息，就从公钥中心获取小张的公开密钥，用它将信息加密后发送给小张，小张收到后用自己的私有密钥解密，获取小李发来的机密信息。这种方案有受中间人攻击的隐患。

（三）签名的公钥发布中心

为了提高安全性，可以对公钥发布中心提供的公钥数据进行签名处理。

每次向客户提供查询的公钥时，其中还包含一个时间戳，然后由一个权威机构对它进行签名，这样可以防止中间人对公钥进行修改。如果小李要向公钥中心索取小张的公钥，他发送一个请求给公钥中心，其中包括小张的用户名和一个时间戳。公钥中心提供给小李的信息反馈中包含：小李的请求、时间戳、小张的公钥 K_Z，然后将这 3 个数据用中心的私钥 K 加密签名。小李收到后使用众所周知的公钥中心的公钥解密，获得小张的公钥 K_Z，并由此验证了所收到的小张的公钥确实是公钥中心提供的，而不是伪造的。

（四）权威证书颁发机构

当用户数量很大时，上面几种方式会导致公钥发布中心的工作负担很大，一种方法是采用公钥证书。用户小张有两个目的，将自己的公钥发布于众，并防止黑客伪造他的公钥。小张前往权威证书颁发机构（CA），该证书颁发机构将小张的公钥存储在一个实体中（IC 卡、智能卡等），签发一个公钥证书给小张。证书颁发机构将自己的不可伪造的公钥发布在自己的网站上，或预设在大量用户的 IE 浏览器中。证书颁发机构查验了小张的身份 ID，然后将小张的公钥记录在证书上，证书颁发机构用自己的私钥对小张的证书签名。小张就可以将此证书放到自己的网站上公布并使用自己的签名证书了。需要与小张进行保密通信的任何人，可以下载小张的签名证书，并使用证书颁发机构的公钥对证书解密并核实，取出小张的公钥并与他进行加密通信。在此过程中，可将常用的证书颁发机构的公钥预存在用户的 IE 浏览器中。

（五）公钥发布基础设施

为了让用户在全球范围获取和使用公钥，那么仅靠少量的相互独立的公钥发布中心是不够的。因此将分布在全球的公钥发布中心的服务器群以层次结构的方式联系起来，构成一个公钥发布基础设施（PKI）。将公钥发布基础设施划分为三层结构的优点：①管理层次分明，便于集中管理、政策制订和实施；②提高证书颁发机构的总体性能、减少瓶颈；③有充分的灵活性和可扩展性，有利于保证证书颁发机构的证书验证效率。

根证书颁发机构对层次 1 的证书颁发机构进行认证，层次 1 的证书颁发机构对层次 2 的证书颁发机构进行认证。层次越低的证书颁发机构的服务区域越小。在 PKI 的层次结构中，根证书颁发机构的信任度最高。人们可以信任也可以不信任下层的证书颁发机构。如果小李要获得并验证小张的证书，他可找到给小张颁发证书的证书颁发机构，但是小李怀疑该证书颁发机构的可靠性，他就查询再上一层的证书颁发机构对该证书颁发机构的认证，直到获得满意的认证。

层次 1 的证书颁发机构的职责是负责某一领域或行业的用户公钥证书的生成和发布，如电子政务、银行、警察等行业。因为每个证书有严格的有效期，并且可能因证书的私钥泄密等原因而废止，因此证书颁发机构需要设置一个"证书吊销名单列表"（CRL），并及时将已吊销和作废的证书序列号发布在证书颁发机构的 URL 地址网站上，供用户查询。证书吊销名单列表的及时更新发布是很重要的一项业务。

层次 2 的证书颁发机构可以设置为面向具体用户的业务受理部门，即注册机构（RA）。注册机构无权签发数字证书，它是用户（个人/团体）与证书颁发机构之间的一个接口或中介机构。注册机构接受用户的注册申请，获取并认证用户的身份，完成收集用户信息和确认用户身份的职能。具体如下：自身密钥的管理，包括密钥的更新、保存、使用、销毁等；审核管辖区内用户的信息；登记用户的黑名单，并公布 CRL 证书吊销列表；对业务受理点进行全面管理；接收并处理来自受理点的各种请求，并向上层证书颁发机构转发。

在企业、政府机构或大学的私有网络内，也可以设立自己的证书颁发机构，为本系统内的用户浏览器访问内部的各种 Web 服务器提供高安全性的身份认证。可将本系统证书颁发机构的签名证书预先存放在用户浏览器的"受信任的发行者"的证书栏中，或固化在 U 盘中发给用户，以便自动验证服务器或双方的身份。

（六）X.509 公钥证书

虽然公钥证书颁发机构体系解决了公钥的防伪问题，但是对互联网应用的公钥证书必须采用世界统一的规范标准。国际电信联盟（ITU）发布了公钥证书协议 X.509，它已成为互联网的公钥证书规范标准。X.509 以标准化的方式描述了公钥证书的内容，证书的表达采用 C 程序员都熟悉的"抽象句法符号"（Abstract Syntax Notation one，ASN.1）。X.509 证书中的一些字段内容如下。

①版本号：证书的 X.509 版本号，从 0 开始。

②序列号：证书的序列号，对于每个证书是唯一的。

③签名：它标识了对该证书签名的算法。其中还包含了用于签名的所有参数。

④签发者的名称：标识了签发该证书的权威机构，该名称是层次结构的，包含了国家、省、单位组织、部门等名称。

⑤有效期：定义了证书有效期的起始和终止日期。

⑥宿主名：定义了该公钥的宿主名字，该名称也是层次结构的。

⑦宿主的公开密钥：是该证书的核心部分，包含了公钥、算法（RSA 等）及其参数。

⑧证书签发者的唯一标识：该字段是可选项，它允许两个签发者有同样的签发者名称（上面第④项），此时本字段内容与④项内容不同。

⑨宿主的唯一标识：该字段是可选项，它允许两个不同的宿主有同样的宿主名，此时本字段内容与⑥项内容不同。

⑩扩展部分：允许签发者加入更多的私有信息在此证书上。

⑪加密部分：包含加密算法的标识、其他字段的安全哈希值（加密的摘要）、哈希的数字签名。

第三章　操作系统安全技术

操作系统是连接硬件与应用软件之间的桥梁，因此，它的安全是计算机系统安全的基石。目前的操作系统支持多程序设计，允许多道程序及资源共享，这也使得它成为被攻击的首要目标，而一旦攻破了操作系统的防御，也就获得了计算机系统中所有信息的存取控制权。

操作系统安全的威胁来自各个方面，有自然的、硬件的、软件的，也有人为的疏忽和失误，还有恶意的攻击等。在一个开放式系统中，如果没有恰当的安全机制，极有可能会为入侵者打开方便之门。此外。计算机网络的普及也使得各种恶意和非法的程序进入操作系统中，从而造成一些计算机犯罪，如滥用、伪造资源，篡改、窃取数据等。因此，如果操作系统本身的安全机制不能抵挡入侵者的攻击，整个计算机系统的安全就形同虚设。

第一节　操作系统的安全机制

随着计算机技术、通信技术、体系结构、存储系统以及软件设计等方面的发展，计算机系统已经形成了多种安全机制，以确保可信地自动执行系统安全策略，从而保护操作系统的信息资源不受破坏，为操作系统提供相应的安全服务。这些安全机制包括硬件安全机制、标识与鉴别、访问控制、最小特权管理、可信通路、隐蔽通道和安全审计等。

一、硬件安全机制

优秀的硬件保护性能是高效、可靠的操作系统的基础。计算机硬件安全的目标是保证其自身的可靠性和为操作系统提供基本安全机制，其中，基本安全机制包括存储保护、运行保护、I/O 保护等。

二、标识与认证

标识与认证是涉及操作系统和用户的一个过程。标识就是操作系统要标识用户的身份，并为每个用户取一个操作系统可以识别的内部名称——用户标识符。用户标识符必须是唯一的且不能被伪造，防止某个用户冒充其他用户。将用户标识符与用户联系的过程称为认证，认证过程主要用于识别用户的真实身份，认证操作总是要求用户具有能够证明其身份的特殊信息，并且这个信息是秘密的，任何其他用户都不能拥有它。

这种机制保证只有合法的用户才能以操作系统允许的方式存取系统中的资源。用户合法性检查和身份认证机制通常采用口令验证或物理鉴定（如磁卡或 IC 卡、数字签名、指纹识别、声音识别等）的方式。而就口令验证来讲，操作系统必须将用户输入的口令和保存在操作系统中的口令表进行比较，因此，系统口令表应该基于某一特定加密手段及存取控制机制来保证其保密性。

三、访问控制

访问控制是操作系统安全的核心内容和基本要求。当操作系统主体（进程或用户）对客体（如文件、目录、特殊设备文件等）进行访问时，应按照一定的机制判定访问请求和访问方式是否合法，进而决定是否支持访问请求和执行访问操作。访问方式通常包括自主访问控制（DAC）和强制访问控制（MAC）两种方式。

自主访问控制是主体对客体的访问权限只能由客体的宿主或超级用户决定或更改的访问方式。强制访问控制是由专门的安全管理员按照一定的规则分别对操作系统中的主体和客体作相应的安全标记，并且基于特定的强制访问规则来决定是否允许访问的访问方式。

四、最小特权管理

特权是超越访问控制限制的能力，它和访问控制结合使用，提高了操作系统的灵活性。然而，简单的系统管理员或超级用户管理模式也带来了安全隐患，即一旦相应的口令失窃，后果将不堪设想。因此，应引入最小特权管理机制。最小特权管理机制根据敏感操作类型进行特权细分，基于职责关联一组特权指令集，同时建立特权传递及计算机制，并保证任何企图超越强制访问控制和自主访问控制的特权任务都必须通过特权机制的检查，从而减少由特权用户口令丢失、恶意软件、误操作所引起的损失。

五、可信通路

在计算机系统中，用户是通过不可信的中间应用层与操作系统相互作用的。但用户登录、定义其安全属性、改变文件的安全级别等操作必须确定是与安全核心进行通信的，而不是与一个特洛伊木马进行通信的。操作系统必须防止特洛伊木马模仿登录过程，窃取用户的口令。

特权用户在进行特权操作时，也要有办法证实从终端上输出的信息是正确的，而不是来自特洛伊木马的。这些都需要一个机制保障用户和内核的通信，这种机制就是由可信通路提供的。

六、隐蔽通道

所谓隐蔽通道，就是允许进程间以危害系统安全策略的方式传输信息的通信信道。根据共享资源性质的不同，具体可分为存储隐蔽通道和时间隐蔽通道。鉴于隐蔽通道可能会造成严重的信息泄露，应当建立适当的隐蔽通道分析处理机制，以检测和识别可能的隐蔽通道，并予以消除。

七、安全审计

安全审计是对操作系统中有关安全的活动进行记录、检查和审核。它是一种事后追查的安全机制，其主要目标是检测和判定非法用户对系统的渗透或入侵，识别误操作并记录进程基于特定安全级活动的详细情况，显示合法用户的误操作。安全审计为操作系统进行事故原因的查询、定位，事故发生前的预测、报警以及事故发生之后的实时处理提供详细、可靠的依据和证据支持，以备在违反系统安全规则的事件发生后能够有效地追查事件发生的地点、过程和责任人。

第二节　Windows 安全机制

目前，Windows 已经成为广大中小企业网络服务器的首选系统平台。Windows 所提供的分布式安全服务可通过多种技术手段来控制用户对资源的访问。Windows 操作系统的安全模型包括信任域控制器（用于活动目录存储）、身份鉴别、服务之间的信任委派以及基于对象的访问控制。

Windows 安全服务的核心功能包括活动目录服务、对 Kerberos 鉴别协议的支持、对公钥基础设施的集成支持、智能卡、保护本地数据的加密文件系统以及使用互联网协议安全性（IPSec）来支持公共网络上的安全通信等。

一、活动目录服务

Windows 系统最大的突破和取得成功的原因之一就在于它引入了活动目录（AD）服务，活动目录服务在网络安全中具有极其重要的作用。活动目录为用户、硬件以及网络上的数据提供了一个存储中心，活动目录也存储用户的授权和认证信息。Windows 活动目录以一种逻辑分层结构来存储信息,这样具有很好的扩展性并便于简化管理。活动目录使用域、组织单元和对象来组织网络资源,这与 Windows 用文件夹和文件来组织计算机本地的信息类似。

一个域是一个网络对象,是组织单元、用户账号、组和计算机的集合。多个域组成域树。组织单元是把对象组织成逻辑管理组的容器,它可包含一个或多个对象。一个对象是一个独立的个体,如用户账号、计算机、打印机等。Windows 以域间的信任关系控制用户对网络资源的访问,通过建立域间的信任关系,可以允许用户和计算机在任何一个域中进行身份认证,从而使用经过授权的资源,这种横穿多个域而保持的信任关系也称为穿越信任。采用穿越信任关系可以在很大程度上减少网络单向信任关系的量,从而简化网络管理。

二、Kerberos 协议

Windows 使用互联网标准 Kerberos 协议作为网络用户身份认证的主要方法。Kerberos 协议定义了客户端和密钥分配中心的认证服务之间的安全交互,并提供在客户机和应用服务器之间建立连接之前进行相互身份鉴别的机制。

在使用 Kerberos 协议之前,所使用的客户机和服务器都要向 Kerberos 身份鉴别服务器注册。使用 Kerberos 身份鉴别协议时,客户机将由用户密码派生的加密信息发送到 Kerberos 服务器,该服务器使用它来验证用户的身份;同样地,Kerberos 服务器也将相关信息发送到客户机的 Kerberos 软件上,以验证 Kerberos 服务器的身份。这种交互身份验证过程可避免客户机和服务器同时被恶意用户欺骗。

三、公钥基础设施

公钥基础设施主要用于互联网这样的开放网络,它允许用户通过证书进行数据加密、数据签名和身份验证。Windows 操作系统全面支持公钥基础设施,并将此作为操作系统的一项基本服务。在组成 Windows 操作系统公钥基础设施的基本逻辑组件中,最核心的组件是微软认证服务系统。微软认证服务系统允许用户配置一个或多个企业认证中心,企业认证中心支持证书的分发、管理和撤销,并与活动目录和策略配合共同完成证书和信息的发布。虽然证书服务可以对其数据库进行独立管理,但对于大型企业的电子商务应用,为安全起见,一般使用活动目录来管理和存储证书,并支持证书多层继承关系。

四、智能卡

智能卡是用一种相对简单的方式来使非授权用户更难获得访问网络的权限。Windows 系统为智能卡安全提供内在支持，与口令认证方式不同，采用智能卡进行认证时，用户需要把智能卡插入连接了计算机的读写器中，并输入卡的个人标识号（PIN），Windows 使用智能卡中存储的私钥和证书向 Windows 域控制器的密钥分发中心认证用户，认证完毕后，密钥分配中心返回许可票据。智能卡认证相对于口令认证具有更高的安全性，表现为：

①智能卡方式需要一个物理卡来认证用户；

②智能卡的使用必须提供个人标识号，以保证只有经过授权的用户才能使用该智能卡；

③因为不能从智能卡中提取密钥，所以有效地消除了通过盗用用户证书而对系统产生的威胁；

④没有智能卡，攻击者就不能访问受智能卡所保护的资源。

五、加密文件系统

为保护好存储在本地计算机中的数据的安全，Windows 系统提供了加密文件系统（Encrypting File System，EFS），该系统是 NTFS 文件系统的一个组件。加密文件系统能让用户对本地计算机中的文件或文件夹进行加密，非授权用户是不能对这些加密文件进行读写操作的。此外，当计算机丢失时，加密文件系统可防止敏感信息的丢失和泄露。

当使用加密文件系统对 NTFS 文件系统的文件或文件夹进行安全处理时，操作系统使用加密应用程序接口（CryptoAPI）所提供的公钥和对称密钥加密算法对文件或文件夹进行加密。虽然加密文件系统的内部实现机制非常复杂，但用户使用起来非常方便，由于加密机制已经内置于文件系统中，加密文件系统对合法用户的操作是透明的。合法用户再次打开文件时自动解密，而对其他用户来说却是加密的。

六、安全模板

安全模板是安全配置的实际体现，它是一个可以存储一组安全设置的文件。为了方便网络的建立和管理，Windows 提供了安全模板工具。系统管理员使用管理控制台可以很容易地定义标准安全模板，并可以统一地应用到多个计算机系统和用户当中。

Windows 系统包含了一组标准的安全模板，从安全性较低的客户端配置到安全性较高的域控制器配置，可适用于不同应用领域中的计算机系统。这些模板可以直接使用、修改或作为用户定制安全模板的基础，一个模板中包括的安全设置项有账号策略、本地策略、事件日志、受限组、注册表、文件系统和系统服务等。

七、安全账号管理器

Windows 系统中使用了安全账号管理器（Security Account Manager，SAM）对用户账号的安全性进行管理。它是 Windows 系统用户账号管理的核心，所有用户的登录名及口令等相关信息都保存在这个文件中。Windows 系统对安全账号管理器文件中的所有资料都进行了加密处理，一般的文件编辑器是无法直接读取这些信息的。

安全账号管理器对账号的管理是通过安全标识符来实现的。安全标识符在账号创建时就同时创建了。安全标识符是唯一的，即使是相同的用户名，在每次创建时获取的安全标识符也是完全不同的。因此，一旦某个账号被删除，它的安全标识符也就不存在了，即使再使用相同的用户名重建账号，操作系统也会赋予不同的安全标识符，不会保留原来的权限。

八、其他方面

Windows 安全服务还包括以下几种功能。

（一）支持 IPSec 协议

为了保护通过网络的数据包，并保持对用户和应用的完全透明，Windows 操作系统使用 IPSec 协议。IPSec 协议提供认证、加密、数据完整性和 TCP/IP 数据包的过滤功能，提供端到端的安全服务，即由发送端的计算机加密的 IP 分组只能被接收端的计算机所解密，而在传输过程中截获的数据是不可读的。

（二）可扩展的安全体系结构

为了与现有的客户端进行兼容，Windows 操作系统提供了安全扩展支持功能，即安全性支持供应商接口（Security Support Provider Interface，SSPI）。使用安全性支持供应商接口可确保在基于 Windows 的环境中实现一致的安全性。安全性支持供应商接口为客户机/服务器双方的身份认证提供了上层应用的应用程序编程接口，屏蔽了网络安全协议的实现细节，大大减少了所需的代码量。

（三）安全审核

Windows 还包含了安全审核功能，允许用户监视与安全性相关的事件（如登录失败的尝试）。因此，系统可以检测到攻击和试图破坏系统数据的事件。在 Windows 审核事件的类型中，最常用的有对对象的访问（如文件和文件夹）、用户和组账户的管理、用户登录和注销的时间等。除了审核与安全性相关的事件外，Windows 系统自身也产生安全性事件，并提供日志以供用户查看。

第三节　Windows 安全配置

基于 Windows NT 技术的 Windows 操作系统自身带有强大的安全功能，只要合理地配置它们，Windows 操作系统就比较安全。操作系统的安全决定着网络的安全，有相当一部分的恶意攻击都是利用 Windows 操作系统的安全配置不当进行的。从保护级别上可以将 Windows 的安全配置分为操作系统常规的安全配置、操作系统的安全策略配置和操作系统安全信息通信配置。

一、常规的安全配置

操作系统常规的安全配置包括以下内容（以 Windows 7 为例）。

（一）停用 Guest 账户

右击桌面上的"计算机"图标，选择快捷菜单中的"管理"命令，打开"计算机管理"窗口，在左窗格的计算机管理目录中选择"系统工具"→"本地用户和组"→"用户"选项，在右窗格中右击"Guest"，在弹出的快捷菜单中选择"属性"选项，在打开的"Guest 属性"对话框中，选中"账户已禁止"复选框，然后单击"确定"按钮。这表示任何时候都不允许 Guest 账户登录系统。另外，为了保险起见，最好给 Guest 设置一个复杂的密码。

（二）限制用户数量

经常检查系统的账户，删除已经不再使用的账户。账户是黑客入侵系统的突破口，操作系统的账户越多，黑客得到合法用户权限的可能性也就越大。如果操作系统的账户超过 10 个，一般就能找出 1～2 个弱口令账户，所以账户数量不要超过 10 个。

（三）减少管理员账户登录次数

创建一个一般用户权限的账户用于处理电子邮件及其他日常事物，而拥有 Administrator 权限的账户只在必需的时候使用。因为只要登录系统后，密码就存储在 winlogon 进程中，当其他用户入侵计算机系统时就可以得到登录账户的密码，所以应当尽量减少 Administrator 账户登录的次数和时间。

（四）对管理员账户重命名

在"计算机管理"窗口左窗格的计算机管理目录中选择"系统工具"→"本地用户和组"→"用户"选项，在右窗格中右击"Administrator"选项，在弹出的快捷菜单中选择"重命名"命令，然后输入需改成的名称即可。

（五）创建陷阱账户

陷阱账户是创建一个名为"Administrator"的本地账户，把它的权限设置成最低，让它没有权限做任何事情，并且为其设置一个10位以上的超级复杂密码。还可以将该用户隶属的组改成"Guest"。

（六）更改默认权限

将共享文件的权限从"Everyone"组改成"授权用户"。"Everyone"在 Windows 7 操作系统中意味着任何有权进入操作系统的网络用户都能够获得这些共享资料。右击要改变默认权限的共享文件夹，在快捷菜单中单击"共享"选项，打开文件夹属性对话框，选中"共享该文件"复选框，单击"权限"按钮，打开文件夹的权限对话框，在"组成用户名称"列表框架中选"everyone"组，再单击"删除"按钮，将其删除。单击"添加"按钮，打开"选择用户或组"对话框，在下拉列表框中选择名称为"Users"的用户，单击"确定"按钮，返回文件夹的权限对话框。这样，该文件夹只能被 Users 组的用户访问。

（七）安全密码

在网络中，密码对用户的安全性非常重要。一些用户在创建账户时用一些诸如计算机名等容易被猜出的字符作为用户名，而且又将账户的密码设置得比较简单。这就给了黑客可乘之机，他们可以很轻易地破解用户的账户和密码。好的密码应该是这样的：在安全期内无法破解出来，如果得到了密码文档，必须花至少43天的时间才能破解出来。因为密码策略要求42天必须更改密码。

（八）屏幕保护密码

右击桌面的空白区域，在快捷菜单中单击"个性化"命令，单击"屏幕保护程序"选项卡，选中"在恢复时使用密码保护"复选框，可以将等待时间设置为"10分钟"或者其他合适的时间，然后分别单击"应用"和"确定"按钮即可。

（九）使用 NTFS 格式的分区

把服务器的所有分区都改成 NTFS 格式，因为 NTFS 格式的文件系统要比 FAT 和 FAT32 格式的文件系统安全。

（十）安装防病毒软件和防火墙

Windows 服务器一般都需要安装防病毒软件和防火墙，好的防病毒软件不仅能清除一些常见的计算机病毒，还能查杀出大量的木马和后门程序。安装了防病毒软件和防火墙之后，黑客经常使用的木马就毫无用武之地了。此外，还应注意要经常对防病毒软件和防火墙进行病毒库的升级。

（十一）确保资料备份盘的安全

一旦系统数据资料被计算机病毒或黑客破坏，备份盘将是恢复数据资料的唯一途径。备份完数据资料后，要把备份盘放在安全的地方，最好不要把所有的数据资料都备份在同一台服务器上。

二、安全策略配置

操作系统的安全策略配置包括以下内容。

（一）配置操作系统安全策略

可以利用 Windows 的安全配置工具来配置安全策略，微软提供了一套基于管理控制台的安全配置和分析工具可以配置服务器的安全策略。在"控制面板"窗口中单击"系统和安全"图标，然后单击右侧窗口中的"管理工具"图标，在"管理工具"窗口中双击"本地安全策略"图标。在"本地安全设置"窗口中可以配置 7 类安全策略：账户策略、本地策略、网络列表管理器策略、公钥策略、软件限制策略、应用程序控制策略和 IP 安全策略。

（二）关闭不必要的服务

系统服务其实是 Windows 系统中的一种在后台运行的特殊应用程序，用户在任务管理器看不到它。安装 Windows 系统后，通常系统会默认启动许多服务，其中有些服务对安全的威胁较大，普通用户可以禁用它们。

（三）开启审核策略

安全审核是 Windows 系统最基本的入侵检测方法，它能够记录对 Windows 系统进行的各种入侵。必须开启的审核策略有：审核系统登录事件、审核系统事件、审核登录事件、审核账户管理、审核策略更改、审核特权使用、审核对象访问。其他的审核可以根据实际需要做相应的增减。

审核策略在默认的情况下都是未开启的。在"本地安全设置"窗口左窗格的安全设置目录中选择"本地策略"→"审核策略"选项。双击右窗格的策略列表中的某一项,打开"本地安全策略设置"对话框,将"成功"和"失败"复选框都选中,然后单击"确定"按钮即可开启审核策略。

（四）开启密码策略

本地安全设置中的密码策略在默认情况下都是没有开启的。在"本地安全设置"窗口左窗格的安全设置目录中选择"账户策略"→"密码策略"选项。设置密码策略可以双击右窗格的策略列表中的一项,如双击"密码最长使用期限"选项,打开"密码最长存留期属性"对话框,修改"密码过期时间"即可。

（五）开启账户锁定策略

开启账户锁定策略可以优先防止字典式攻击,需要开启的账户锁定策略设置见表3-1。在"本地安全设置"窗口左窗格的安全设置目录中选择"账户策略"→"账户锁定策略"选项。开启账户锁定策略可以双击右窗格的策略列表中的"账户锁定阈值"选项,打开"账户锁定阈值属性"对话框,在数值框中输入数字即可。

表3-1 需要开启的账户锁定策略

策略	设置
复位账户锁定计数器	30分钟
账户锁定时间	30分钟
账户锁定阈值	5次

（六）备份敏感数据文件

数据的安全性对于用户来说非常重要,应尽可能地把一些重要的用户数据（如文件、数据表和项目文件等）存放在另一个安全的服务器中,并经常备份。

（七）不显示上次登录的账户

在默认情况下,终端服务接入服务器时,登录对话框中会显示上次登录的账户。用户可以通过修改注册表来禁止显示上次登录的账户:执行"开始"→"运行"命令,打开"运行"对话框,在"运行"文本框中输入"regedit",单击"确定"按钮,打开"注册表编辑器",在"HKEY_LOCAL_MACHINE"主键下双击"SOFTWARE\Microsoft\ Windows\CurrentVersion\policie\dontdisplaylastusername"子键,在打开的"编辑DWORD值"对话框中将"数值数据"由"0"改为"1"。

三、安全信息通信配置

操作系统的安全信息通信配置包括以下内容。

（一）关闭 DirectDraw

关闭 DirectDraw 可能会对一些需要用到 DircctX 的程序（如游戏）有一定的影响，但是，对于绝大多数的商业站点都是没有影响的。在"注册表编辑器"的"HKEY_LOCAL_MACHINE"主键下双击"SYSTEM\CurrentControlSet\Control\GraphicsDrivers\DCI\Timeout"子键，在"编辑 DWORD 值"对话框中将"数值数据"由默认的"7"改成"0"即可。

（二）停止共享

在网络中，为了保证系统的安全，应该及时停止某些共享。可以在 DOS 提示符下输入"net share"命令查看这些共享信息。

停止这些共享的方法为：在"计算机管理"窗口左窗格的系统工具目录中选择"共享文件夹"→"共享"选项，在右窗格中右击想要禁止共享的文件夹，在快捷菜单中单击"停止共享"命令即可。

（三）禁用 Dump 文件

Dump 文件有时很有用，例如，在系统崩溃或蓝屏时，可以利用 Dump 文件帮助查找问题，但 Dump 文件也会给黑客提供一些敏感的信息。因此，可以禁用 Dump 文件，方法为：在"控制面板"中单击"系统和安全"图标，然后单击"系统"图标，在"系统属性"对话框中选择"高级"选项卡，单击"启动和故障恢复"选项区中的"设置"按钮，打开"启动和故障恢复"对话框，在"写入调试信息"下拉列表框中选择"无"选项即可。

（四）文件加密系统

Windows 强大的文件加密系统能够给磁盘、文件夹和文件加上一层安全保护。微软公司在 Windows 2000 及以上版本的操作系统中提供了一种基于 NTFS 5.0 的加密文件系统。

（五）关机时清除页面文件

页面文件也叫调度文件，它是 Windows 系统用来存储没有装入内存的应用程序和数据文件的部分隐藏文件。如果要在关机时清除页面文件，可以在"注册表编辑器"的"HKEY_LOCAL_MACHINE"主键下双击子键"SYSTEM\CurrentControlSet\Control\Session Manager\Memory Management\

ClearPageFileAtShutdown",在打开的"编辑 DWORD 值"对话框中将"数值数据"由"0"改成"1"即可。

(六)禁止从光盘启动

一些第三方的工具会通过引导系统来绕过原有的安全机制。例如,某些系统管理工具,从光盘上引导系统后,就可以修改硬盘上操作系统的管理员密码。用户可以在系统启动时按下"Del"键进入 CMOS 程序进行设置,禁止系统从光盘启动。

(七)禁止判断主机类型

黑客利用活动时间(TTL)值可以鉴别操作系统的类型,通过 Ping 命令能够判断目标主机的类型。Ping 命令用于检测目标主机是否连通。许多入侵者首先会"ping"一下主机,如果活动时间值为 255/64 就认为是 UNIX/Linux 操作系统;如果活动时间值为 128 就可以判定用户的操作系统为 Windows 系统。这样入侵者就可以按照不同系统来实施端口进攻,使用防火墙可以禁止入侵者查探目标主机是否能够连通,让入侵者"ping"不到用户主机的信息,也就无法判断主机的类型。

(八)禁止 Guest 账户访问日志文件

在默认安装的 Windows 系统中,Guest 账户和匿名用户可以查看操作系统的事件日志文件,这可能会导致许多重要信息的泄露,通过修改注册表可以禁止 Guest 账户访问事件日志文件。

1. 禁止 Guest 账户访问应用日志文件

打开"注册表编辑器"在"HKEY_LOCAL_MACHINE"主键下双击"SYSTEM\CurrentControlSet\Services\Eventlog\Application"子键,在右窗格空白处右击,在弹出的快捷菜单中选择"新建"→"DWORD 值"命令,双击新添加的名为"新值#1"的默认键值,打开"编辑 DWORD 值"对话框,将"数值名称"改为"RestrictGuestAccess",将"数值数据"改为"1"。

2. 禁止 Guest 账户访问系统日志文件

在"注册表编辑器"的"HKEY_LOCAL_MACHINE"主键下双击"SYSTEM\CurrentControlSet\Services\Eventlog\System"子键,在右窗格空白处右击,在弹出的快捷菜单中选择"新建"→"DWORD 值"命令,双击新添加的名为"新值#1"的默认键值,打开"编辑 DWORD 值"对话框,将"数值名称"改为"RestrictGuestAccess",将"数值数据"改为"1"。

3. 禁止 Guest 账户访问安全日志文件

在"注册表编辑器"的"HKEY_LOCAL_MACHINE"主键下双击"SYSTEM\CurrentControlSet\Services\Eventlog\Security"子键,在右窗格空白处右击,在弹出的快捷菜单中选择"新建"→"DWORD 值"命令,双击新添加的名为"新值#1"的默认键值,打开"编辑 DWORD 值"对话框,将"数值名称"改为"RestrictGuestAccess",将"数值数据"改为"1"。

第四章 数据库与数据安全技术

第一节 数据库安全概述

保证网络系统中数据安全的主要任务就是使数据免受各种因素的影响，保护数据的完整性、保密性和可用性。人为错误、硬盘损毁、计算机病毒、自然灾难等都有可能造成数据库中数据的丢失，给企事业单位造成无可估量的损失。例如，如果丢失了系统文件、客户资料、技术文档、人事档案文件、财务账目文件等，企事业单位的业务将难以正常进行。因此，所有的企事业单位管理者都应采取有效保护数据库的措施，使得灾难发生后，能够尽快地恢复系统中的数据，恢复系统的正常运行。

为了保护数据安全，可以采用很多安全技术和措施。这些技术和措施主要有数据完整性技术、数据备份和恢复技术、数据加密技术、访问控制技术、用户身份验证技术、数据的真伪鉴别技术和并发控制技术等。

一、数据库安全的概念

数据库安全指数据库的任何部分都没有受到侵害，或没有受到未经授权的存取和修改。数据库安全性问题一直是数据库管理员所关心的问题。

（一）数据库安全

数据库就是一种结构化的数据仓库。人们时刻都在和数据打交道，如存储在个人掌上计算机（PDA）中的数据、家庭预算的电子数据表格等。对于少量、简单的数据，如果与其他数据之间的关联较少或没有关联，则可将它们简单地存放在文件中。普通记录文件没有必要的结构来系统地反映数据间的复杂关系，也不能强制定义个别数据对象。但是企业数据都是相关联的，不可能使用普通的记录文件来管理大量的、复杂的系列数据，比如银行的客户数据或者生产厂商的生产控制数据等。

数据库安全主要包括数据库系统的安全性和数据库数据的安全性两层含义。

1. 数据库系统的安全性

数据库系统的安全性指在系统级控制数据库的存取和使用的机制,应尽可能地堵住潜在的各种漏洞,防止非法用户利用这些漏洞侵入数据库系统。保证数据库系统不因软、硬件故障及灾害的影响而不能正常运行。数据库系统安全包括硬件运行安全,物理控制安全,操作系统安全,用户连接数据库需授权等。

2. 数据库数据的安全性

数据库数据的安全性指在对象级控制数据库的存取和使用的机制,哪些用户可存取指定的模式对象及在对象上允许有哪些操作类型。数据库数据安全包括有效的用户名/口令鉴别,用户访问权限控制,数据存取权限、方式控制,审计跟踪,数据加密,防止电磁信息泄露等。

数据库数据的安全措施应能确保数据库系统关闭后,当数据库数据存储媒体被破坏或当数据库用户误操作时,数据库数据信息不会丢失。对于数据库数据的安全性问题,数据库管理员可以采用系统双机热备份功能、数据库的备份和恢复、数据加密、访问控制等措施。

(二)数据库安全管理原则

一个强大的数据库安全系统应当确保其中信息的安全性,并对其进行有效的管理和控制。下面几项数据库管理规则有助于企业在安全规则中实现对数据库的安全保护。

1. 管理细分和委派原则

在数据库工作环境中,数据库管理员一般都是独立执行数据库的管理和其他事务工作,一旦出现岗位变换,将带来一连串的问题,从而致使效率低下。通过管理责任细分和任务委派,数据库管理员可从常规事务中解脱出来,把精力更多地放在解决数据库执行效率及与管理相关的重要问题上,从而保证任务的高效完成。企业应设法通过功能和可信赖的用户群进一步细分数据库管理的责任和角色。

2. 最小权限原则

企业必须本着"最小权限"原则,从需求和工作职能两方面严格限制对数据库的访问。通过角色的合理运用,"最小权限"可确保数据库功能限制和特定数据的访问。

3. 账号安全原则

对于每一个数据库连接来说,用户账号都是必需的。账号应遵循传统的用户账号管理方法来进行安全管理，这包括密码的设定和更改、账号锁定功能、对数据提供有限的访问权限、禁止休眠状态的账户、账户的生命周期等。

4.有效审计原则

数据库审计是数据库安全的基本要求，它可用来监视各用户对数据库施加的操作。企业应针对自己的应用和数据库活动定义审计策略。条件允许的地方可采取智能审计，这样不仅能节约时间，而且能减少执行审计的范围和对象。通过智能限制日志大小，还能突出更加关键的安全事件。

二、数据库管理系统及特性

（一）数据库管理系统简介

数据库管理系统（DBMS）已经发展了多年。人们提出了许多数据模型，并一一得以实现，其中比较重要的是关系模型。在关系型数据库中，数据项保存在行中，文件就像是一个表，关系被描述成不同数据表间的匹配关系。区别关系模型和网络及分级型数据库最重要的一点就是数据项关系可以被动态地描述或定义，而不需要因结构改变而重新加载数据库。

早在1980年，数据库市场就被关系型数据库管理系统所占领。这个模型基于一个可靠的基础，可以简单并恰当地将数据项描述成为表（Table）中的记录行（Raw）。关系模型第一次广泛地推行是在1980年，由于当时一种标准的数据库访问程序语言被开发，这种语言被称为结构化查询语言（SQL）。今天，成千上万使用关系型数据库的应用程序已经被开发出来，如跟踪客户端处理的银行系统、仓库货物管理系统、客户关系管理（CRM）系统和人力资源管理系统等。由于数据库保证了数据的完整性，企业通常将他们的关键业务数据存放在数据库中。因此保护数据库安全、避免错误和防止数据库故障已经成为企业所关注的重点。

（二）数据库管理系统的安全功能

数据库管理系统是专门负责数据库管理和维护的计算机软件系统。它是数据库系统的核心，不仅负责数据库的维护工作，还能保护数据库的安全性和完整性。

数据库管理系统是近似于文件系统的软件系统，应用程序和用户通过它可以取得所需的数据。然而，与文件系统不同，数据库管理系统定义了所管理的数据之间的结构和约束关系，且提供了一些基本的数据管理和安全功能。

1. 数据的安全性

在网络应用上，数据库必须是一个可以存储数据的安全地方。数据库管理系统能够提供有效的备份和恢复功能，来确保在故障和错误发生后，数据能够尽快地恢复并被应用所访问。对于一个企事业单位来说，把关键的和重要的数据存放在数据库中，这就要求数据库管理系统必须能够防止未授权的数据访问。

只有数据库管理员对数据库中的数据拥有完全的操作权限，并可以规定各用户的权限，数据库管理系统保证对数据的存取方法是唯一的。每当用户想要存取敏感数据时，数据库管理系统就进行安全性检查。在数据库中，对数据进行各种类型的操作（检索、修改、删除等）时，数据库管理系统都可以对其实施不同的安全检查。

2. 数据的共享性

一个数据库中的数据不仅可以为同一企业或组织内部的各个部门所共享，也可为不同组织、不同地区甚至不同国家的多个应用和用户同时进行访问，而且还要不影响数据的安全性和完整性，这就是数据共享。数据共享是数据库系统的目的，也是它的一个重要特点。

数据库中数据的共享主要体现在以下几个方面：

①不同的应用程序可以使用同一个数据库；

②不同的应用程序可以在同一时刻去存取同一个数据；

③数据库中的数据不但可供现有的应用程序共享，还可为新开发的应用程序使用；

④应用程序可用不同的程序设计语言编写，它们可以访问同一个数据库。

3. 数据的结构化

基于文件的数据的主要优势就在于它利用了数据结构。数据库中的文件相互联系，并在整体上服从一定的结构形式。数据库具有复杂的结构，不仅是因为它拥有大量的数据，同时也因为在数据之间和文件之间存在着种种联系。数据库的结构使开发者避免了针对每一个应用都需要重新定义数据逻辑关系的过程。

4. 数据的独立性

数据的独立性就是数据与应用程序之间不存在相互依赖关系，也就是数据的逻辑结构、存储结构和存取方法等不因应用程序的修改而改变；反之亦然。从某种意义上讲，一个数据库管理系统存在的理由就是为了在数据组织和用户的应用之间提供某种程度的独立性。数据库系统的数据独立性可分为物理独立性和逻辑独立性两个方面。

（1）物理独立性

数据库物理结构的变化不影响数据库的应用结构，从而也就不影响其相应的应用程序。这里的物理结构是数据库的物理位置、物理设备等。

（2）逻辑独立性

数据库逻辑结构的变化不影响用户的应用程序，修改或增加数据类型、改变各表之间的联系等都不会导致应用程序的修改。

以上两种数据独立性都要依靠于数据库管理系统来实现。到目前为止，物理独立性已经实现，但逻辑独立性实现起来非常困难。因为数据结构一旦发生变化，一般情况下，相应的应用程序都要进行或多或少的修改。

5. 其他安全功能

数据库管理系统除了具有一些基本的数据库管理功能外，在安全性方面，它还具有以下功能：

①保证数据的完整性，抵御一定程度的物理破坏，能维护和提交数据库内容；

②实施并发控制，避免数据的不一致性；

③数据库的数据备份与数据恢复；

④能识别用户、分配授权和进行访问控制，包括用户的身份识别和验证。

（三）数据库事务

"事务"是数据库中的一个重要概念，是一系列操作过程的集合，也是数据库数据操作的并发控制单位。一个"事务"就是一次活动所引起的一系列的数据库操作。例如，一个会计"事务"可能由读取借方数据、减去借方记录中的借款数量、重写借方记录、读取贷方记录、在贷方记录的数量加上从借方扣除的数量、重写贷方记录、写一条单独的记录来描述这次操作以便日后审计等操作组成。所有这些操作组成了一个"事务"，描述了一个业务动作。无论借方的动作还是贷方的动作，哪一个没有被执行，数据库都不会反映该业务执行的正确性。

数据库管理系统在数据库操作时对"事务"进行定义，要么一个"事务"应用的全部操作结果都反映在数据库中（全部完成），要么就一点都没有反映在数据库中（全部撤除），数据库回到该次"事务"操作的初始状态。这就是说，一个数据库"事务"序列中的所有操作都只有两种结果：全部执行和全部撤除。因此，"事务"是不可分割的单位。

上述会计"事务"例子包含了两个数据库操作：从借方数据中扣除资金，在贷方记录中加入这部分资金。如果系统在执行该"事务"的过程中崩溃，而此时已修改完毕借方数据，但还没有修改贷方数据，资金就会在此时物化。如果把这两个步骤合并成一个事务命令，这在数据库系统执行时，要么全部完成，要么一点都不完成。当只完成一部分时，系统是不会对已做的操作予以响应的。

三、数据库系统的缺陷和威胁

大多数企业、组织及政府部门的电子数据都保存在各种数据库中。他们用这些数据库保存一些敏感信息，比如员工薪水、医疗记录、员工个人资料等。数据库服务器还掌握着敏感的金融数据，包括交易记录、商业事务和账号数据、战略上的或者专业的信息，比如专利和工程数据，甚至市场计划等应该保护起来防止竞争者和其他非法者获取的资料。

（一）数据库系统的缺陷

常见的数据库的安全漏洞和缺陷有以下几种。

①数据库应用程序通常都同操作系统的最高管理员密切相关，如 Oracle、Sybase 和 SQL Server 数据库系统都涉及用户账号和密码、认证系统、授权模块和数据对象的许可控制、内置命令（存储过程）、特定的脚本和程序语言、中间件、网络协议、补丁和服务包、数据库管理和开发工具等。许多数据库系统管理员都把全部精力投入管理这些复杂的系统中。安全漏洞和不当的配置通常会造成严重的后果，且都难以被发现。

②人们对数据库安全的忽视。人们认为只要把网络和操作系统的安全搞好了，所有的应用程序也就安全了。现在的数据库系统都有很多方面被误用或者有漏洞影响到安全。而且常用的关系型数据库都是"端口"型的，这就表示任何人都能够绕过操作系统的安全机制，利用分析工具连接到数据库上。

③部分数据库机制威胁网络低层安全。例如，某公司的数据库里面保存着所有技术文档、手册和白皮书，但却不重视数据库的安全。这样，即使运行在一个非常安全的操作系统上，入侵者也能很容易通过数据库获得操作系统权限。这些存储过程能提供一些执行操作系统命令的接口，而且能访问所有的系统资源，如果该数据库服务器还同其他服务器建立着信任关系，那么，入侵者就能够对整个域产生严重的安全威胁。因此，少数数据库安全漏洞不仅威胁数据库的安全，也威胁到操作系统和其他可信任系统的安全。

④安全特性缺陷。大多数关系型数据库已经存在 10 多年了，都是成熟

的产品。但 IT 业界和安全专家对网络和操作系统要求的许多安全特性在多数关系数据库上还没有被使用。

⑤数据库账号密码容易泄露。多数数据库提供的基本安全特性，都没有相应机制来限制用户必须选择健壮的密码。许多系统密码都能给入侵者访问数据库的机会，更有甚者，有些密码就储存在操作系统的普通文本文件中。比如 Oracle 内部密码，储存在 strxxx.crud 文件中，其中"xxx"是 Oracle 系统的 ID 和 SID 号。该密码用于数据库启动进程，提供完全访问数据库资源的功能，该文件在 Windows NT 中需要设置权限。Oracle 监听进程密码保存在 listener.ora 文件中，入侵者可以通过这个弱点进行 DoS 攻击。

⑥操作系统后门。多数数据库系统都有一些特性，来满足数据库管理员的需要，这些也成为数据库主机操作系统的后门。

⑦木马的威胁。著名的木马能够在密码改变存储过程时修改密码，并能告知入侵者。比如，可以添加几行信息到"sp_password"中，记录新账号到库表中，通过 E-mail 发送这个密码，或者写到文件中以后使用等。

（二）数据库系统的威胁形式

对数据库构成的威胁主要有篡改、损坏和窃取 3 种表现形式。

1. 篡改

篡改指的是对数据库中的数据未经授权进行的修改，使其失去原来的真实性。篡改的形式具有多样性，但有一点是明确的，就是在造成影响之前很难发现它。篡改是由人为因素产生的。一般来说，发生这种人为威胁的原因主要有个人利益驱动、隐藏证据、恶作剧和无知等。

2. 损坏

网络系统中数据的损坏是数据库安全性所面临的一个威胁。其表现形式是表和整个数据库部分或全部被删除、移走或破坏。产生这种威胁的原因主要有破坏、恶作剧和病毒。破坏往往都带有明确的作案动机；恶作剧者往往出于爱好或好奇而对数据库造成损坏；计算机病毒不仅对系统文件进行破坏，也对数据文件进行破坏。

3. 窃取

窃取一般是针对敏感数据进行的。窃取的手法除了将数据复制到软盘之类的可移动介质上外，还可以把数据打印后取走。导致窃取威胁的因素有工商业间谍、不满和要离开的员工、被窃的数据可能比想象中的更有价值等。

(三）数据库系统威胁的来源

数据库安全的威胁主要来自以下几个方面。

1. 物理和环境的因素

物理和环境的因素包括物理设备的损坏、设备的机械和电气故障、火灾、水灾以及磁盘磁带丢失等。

2. 事务内部故障

数据库"事务"是数据操作的并发控制单位，是一个不可分割的操作序列。数据库事务内部的故障多发生于数据的不一致性，主要表现为丢失修改、不能重复读、无用数据的读出。

3. 系统故障

系统故障又叫软故障，是系统突然停止运行时造成的数据库故障。这些故障不破坏数据库，但影响正在运行的所有事务，因为缓冲区中的内容会全部丢失，运行的事务将非正常终止，从而造成数据库处于一种不正确的状态。

4. 介质故障

介质故障又称硬故障，主要指外存储器故障，如磁盘磁头碰撞、瞬时的强磁场干扰等。这类故障会破坏数据库或部分数据库，并影响正在使用数据库的所有事务。

5. 并发事件

并发事件指在数据库实现多用户共享数据时，可能由于多个用户同时对一组数据的不同访问而使数据出现不一致的现象。

6. 人为破坏

人为破坏指某些人为了某种目的，故意破坏数据库。

7. 病毒与黑客

病毒可破坏计算机中的数据，使计算机处于不正确或瘫痪状态；黑客是一些精通计算机网络和软、硬件的计算机操作者，他们往往利用非法手段取得相关授权，非法地读取甚至修改其他计算机数据。黑客的攻击和系统病毒发作可破坏数据保密性和数据完整性。

8. 非法访问或修改数据库信息

未经授权非法访问或非法修改数据库的信息，给数据库安全造成的威胁是窃取数据库数据或使数据失去真实性。

9. 访问方式错误

对数据不正确的访问可以引起数据库中数据的错误。

10. 安全级别限制

安全级别限制指网络及数据库的安全级别不能满足应用的要求。

11. 设置与管理问题

网络和数据库的设置错误和管理混乱造成越权访问和越权使用数据。

第二节 数据库安全保护

一、数据库的安全特性

为了保证数据库数据的安全可靠和正确有效,数据库管理系统必须提供统一的数据保护功能。数据保护也称为数据控制,主要包括数据库的安全性、完整性、并发控制和恢复。下面以多用户数据库系统 Oracle 为例,阐述数据库的安全特性。

（一）数据库的安全性

数据库的安全性指保护数据库以防止不合法的使用所造成的数据泄露、更改或破坏。在数据库系统中有大量的计算机系统数据集中存放,为许多用户所共享,这样就使安全问题更为突出。在一般的计算机系统中,安全措施是一级一级设置的。

1. 数据库的存取控制

在数据库存储这一级可采用密码技术,若物理存储设备失窃,它能起到保密作用。在数据库系统中可提供数据存取控制,来实施该级的数据保护。

（1）数据库的安全机制

多用户数据库系统（如 Oracle）提供的安全机制可做到：

①防止非授权的数据库存取；

②防止非授权地对模式对象的存取；

③控制磁盘使用；

④控制系统资源使用；

⑤审计用户动作。

在 Oracle 服务器上提供了一种任意存取控制,它是一种基于特权限制信息存取的方法。用户要存取某一对象必须有相应的特权授予该用户。已授权的用户可任意地授权给其他用户。

Oracle 保护信息的方法采用任意存取控制来限制全部用户对命名对象的存取。用户对对象的存取受特权控制,一种特权是存取一个命名对象的许可,为一种规定格式。

(2)模式和用户机制

Oracle 使用多种不同的机制管理数据库安全性,其中有模式和用户两种机制。

①模式机制。模式为模式对象的集合,模式对象如表、视图、过程和包等。

②用户机制。每一个 Oracle 数据库有一组合法的用户,可运行一个数据库应用和使用该用户连接到定义该用户的数据库。当建立一个数据库用户时,对该用户建立一个相应的模式,模式名与用户名相同。一旦用户连接一个数据库,该用户就可存取相应模式中的全部对象,一个用户仅与同名的模式相联系,所以用户和模式是类似的。

2. 特权和角色

(1)特权

特权是执行一种特殊类型的 SQL 语句或存取另一用户对象的权力,有系统特权和对象特权两类。

①系统特权。系统特权是执行一种特殊动作或者在对象类型上执行一种特殊动作的权力。系统特权可授权给用户或角色。系统可将授予用户的系统特权授给其他用户或角色,同样,系统也可从那些被授权的用户或角色处收回系统特权。

②对象特权。对象特权是在表、视图、序列、过程、函数或包上执行特殊动作的权力。对于不同类型的对象,有不同类型的对象特权。

(2)角色

角色是相关特权的命名组。数据库系统利用角色可更容易地进行特权管理。

①角色管理的优点:i. 减少特权管理;ii. 动态特权管理;iii. 特权的选择可用性;iv. 应用可知性;v. 专门的应用安全性。

一般地,建立角色有两个目的:一是数据库应用管理特权;二是用户组管理特权。相应的角色分别称为应用角色和用户角色。

a. 应用角色是系统授予的运行一组数据库应用所需的全部特权。一个应用角色可授予其他角色或指定用户。一个应用可有几种不同角色,具有不同特权组的每一个角色在使用应用时可进行不同的数据存取。

b. 用户角色是为具有公开特权需求的一组数据库用户而建立的。

②数据库角色的功能：

a. 一个角色可被授予系统特权或对象特权；

b. 一个角色可授权给其他角色，但不能循环授权；

c. 任何角色可授权给任何数据库用户；

d. 授权给一个用户的每一角色可以是可用的，也可是不可用的；

e. 一个间接授权角色（授权给另一角色的角色）对一个用户可明确其可用或不可用；

f. 在一个数据库中，每一个角色名是唯一的。

3. 审计

审计是对选定的用户动作的监控和记录，通常用于审查可疑的活动，监视和收集关于指定数据库活动的数据。

（1）Oracle 支持的 3 种审计类型

①语句审计。语句审计是对某种类型的 SQL 语句进行的审计，不涉及具体的对象。这种审计既可对系统的所有用户进行，也可对部分用户进行。

②特权审计。特权审计是对执行相应动作的系统特权进行的审计，不涉及具体对象。这种审计也是既可对系统的所有用户进行，也可对部分用户进行。

③对象审计。对象审计是对特殊模式对象的访问情况的审计，不涉及具体用户，它监控有对象特权的 SQL 语句。

（2）Oracle 允许的审计选择范围

①审计语句的成功执行、不成功执行，或其两者都包括；

②对每一用户会话审计语句的执行审计一次或对语句的每次执行审计一次；

③审计全部用户或指定用户的活动。

（3）审计记录

当数据库的审计功能打开后，在语句执行阶段产生审计记录。审计记录包含审计的操作、用户执行的操作、操作的日期和时间等信息。审计记录可存放于数据字典表（称为审计记录）或操作系统审计记录中。

二、数据库的完整性

数据库的完整性指保护数据库数据的正确性和一致性。它反映了现实中实体的本来面貌。数据库系统要提供保护数据完整性的功能。系统用一定的机制检查数据库中的数据是否满足完整性约束条件。Oracle 应用于关系型数据库的表的数据完整性有下列类型：

①空与非空规则，在插入或修改表的行时允许或不允许包含有空值的列；

②唯一列值规则，允许插入或修改表的行在该列上的值唯一；

③引用完整性规则；

④用户定义规则。

Oracle 允许定义和实施每一种类型的数据完整性规则，如空与非空规则、唯一列值规则和引用完整性规则等，这些规则可用完整性约束和数据库触发器来定义。

（一）完整性约束

1. 完整性约束条件

完整性约束条件是作为模式的一部分，对表的列定义的一些规则的说明性方法。具有定义数据完整性约束条件功能和检查数据完整性约束条件方法的数据库系统可实现对数据库完整性的约束。

完整性约束有数值类型与值域的完整性约束、关键字的约束、数据联系（结构）的约束等。这些约束都是在稳定状态下必须满足的条件，叫静态约束。相应地，还有动态约束，指数据库中的数据从一种状态变为另一种状态时，新旧数值之间的约束，如更新人的年龄时新值不能小于旧值等。

2. 完整性约束的优点

利用完整性约束实施数据完整性规则具有以下优点：

①定义或更改表时，不需要程序设计便可很容易地编写程序并可消除程序性错误，其功能由 Oracle 控制；

②对表所定义的完整性约束被存储在数据字典中，所以由任何应用进入的数据都必须遵守与表相关联的完整性约束；

③具有最大的开发能力，当由完整性约束所实施的事务规则改变时，管理员只需改变完整性约束的定义，所有应用自动地遵守所修改的约束；

④完整性约束存储在数据字典中，数据库应用可利用这些信息，在 SQL 语句执行之前或 Oracle 检查之前，就可立即反馈信息；

⑤完整性约束说明的语义被清楚地定义，对于每一指定的说明规则可实现性能优化；

⑥完整性约束可临时地使其不可用，使之在装入大量数据时避免约束检索的开销，当数据库装入完成时，完整性约束可容易地使其可用，任何破坏完整性约束的新记录都可在另外的表中列出。

（二）数据库触发器

1. 触发器的定义

数据库触发器是使用非说明方法实施的数据单元操作过程。利用数据库触发器可定义和实施任何类型的完整性规则。

Oracle 允许定义过程，当对相关的表进行 insert、update 或 delete 语句操作时，这些过程被隐式地执行，这些过程就称为数据库触发器。触发器类似于存储过程，可包含 SQL 语句和 PL/SQL 语句，并可调用其他的存储过程。过程与触发器的差别在于其调用方法：过程由用户或应用显式地执行，而触发器为一个激发语句（insert、update、delete）发出而由 Oracle 隐式地触发。一个数据库应用可隐式地触发存储在数据库中的多个触发器。

2. 触发器的组成

一个触发器由3部分组成：触发事件或语句、触发限制和触发器动作。触发事件或语句是引起触发器激发的 SQL 语句，它可以是对一个指定表的 insert、update 或 delete 语句。触发限制是指定一个布尔表达式，当触发器激发时该布尔表达式必须为真。触发器作为过程，是 PL/SQL 块，当触发语句发出、触发限制计算为真时该过程被执行。

3. 触发器的功能

在许多情况下触发器补充了 Oracle 的标准功能，以提供高度专用的数据库管理系统。触发器一般用于实现以下目的：

①自动地生成导出列值；
②实施复杂的安全审核；
③在分布式数据库中实施跨节点的完整性引用；
④实施复杂的事务规则；
⑤提供透明的事件记录；
⑥提供高级的审计；
⑦收集表存取的统计信息。

三、数据库的并发控制

数据库是一种共享资源库，可被多个应用程序所共享。在许多情况下，由于应用程序涉及的数据量可能很大，常常会涉及输入/输出的交换。为了有效地利用数据库资源，可能会有多个程序或一个程序的多个进程并行地运行，这就是数据库的并发操作。

在多用户数据库环境中，多个用户程序可并行地存取数据。并发控制是在多用户的环境下，对数据库的并行操作进行规范的机制，其目的是避免数据的丢失修改、无效数据的读出与不可重复读数据等，从而保证数据的正确性与一致性。并发控制在多用户的模式下是十分重要的，但这一点经常被一些数据库应用人员所忽视，而且因为并发控制的层次和类型非常丰富和复杂，有时使人难以抉择，不清楚如何衡量并发控制的原则和途径。

（一）一致性和实时性

一致性的数据库就是并发数据处理响应过程已完成的数据库。例如，一个会计数据库，当它的借方记录与相应的贷方记录相匹配的情况下，它就是数据一致的。

数据库的实时性就是所有的事务全部执行完毕后才响应。如果一个正在运行数据库管理的系统出现了故障而不能继续进行数据处理，原来事务的处理结果还存储在缓存中而没有写入磁盘文件中，当系统重新启动时，系统数据就是非实时性的。

数据库日志用来在故障发生后恢复数据库时保证数据库的一致性和实时性。

（二）数据的不一致现象

事务并发控制不当，可能会产生丢失修改、读无效数据、不可重复读等数据不一致现象。

1. 丢失修改

丢失数据指一个事务的修改覆盖了另一个事务的修改，使前一个修改丢失。比如两个事务 T_1 和 T_2 读入同一数据，T_2 提交的结果破坏了 T_1 提交的数据，使 T_1 对数据库的修改丢失，造成数据库中的数据错误。

2. 读无效数据

无效数据的读出指不正确数据的读出。比如事务 T_1 将某一值修改，然后事务 T_2 读该值，此后 T_1 由于某种原因撤销对该值的修改，这样就造成 T_2 读取的数据是无效的。

3. 不可重复读

在一个事务范围内，两个相同的查询却返回了不同数据，这是由查询时系统中其他事务修改的提交引起的。比如事务 T_1 读取某一数据，事务 T_2 读取并修改了该数据，T_1 为了对读取值进行检验而再次读取该数据，便得到不同的结果。

但在应用中为了提高并发度,可以容忍一些不一致现象。例如,大多数业务经适当调整后可以容忍不可重复读。当今流行的关系数据库系统(如 Oracle、SQL Server 等)是通过事务隔离与封锁机制来定义并发控制所要达到的目标的,根据其提供的协议,可以得到几乎任何类型的合理的并发控制方式。

并发控制数据库中的数据资源必须具有共享属性。为了充分利用数据库资源,应允许多个用户并行操作数据库。数据库必须能对这种并行操作进行控制,以保证数据在不同的用户使用时的一致性。

(三)并发控制的实现

并发控制的实现途径有多种,如果数据库管理系统支持,当然最好是运用其自身的并发控制能力。如果系统不能提供这样的功能,可以借助开发工具的支持,还可以考虑调整数据库应用程序,有的时候可以通过调整工作模式来避开这种会影响效率的并发操作。

并发控制能力是多用户在同一时间对相同数据同时访问的能力。一般的关系型数据库都具有并发控制能力,但是这种并发功能也会给数据的一致性带来危险。试想,若有两个用户都试图访问某个银行用户的记录,并同时要求修改该用户的存款余额时,情况将会怎样呢?

四、数据库的恢复

当使用一个数据库时,总希望数据库的内容是可靠的、正确的,但由于计算机系统的故障(硬件故障、软件故障、网络故障、进程故障和系统故障等)影响数据库系统的操作,影响数据库中数据的正确性,甚至破坏数据库,使数据库中数据全部或部分丢失。因此当发生上述故障后,希望能尽快恢复到原数据库状态或重新建立一个完整的数据库,该处理称为数据库恢复。数据库恢复子系统是数据库管理系统的一个重要组成部分。具体的恢复处理因所发生的故障类型所影响的情况和结果而变化。

(一)操作系统备份

不管为 Oracle 数据库设计什么样的恢复模式,数据库的数据文件、日志文件和控制文件的操作系统备份都是绝对需要的,它是保护介质故障的策略。操作系统备份分为完全备份和部分备份。

1. 完全备份

完全备份将构成 Oracle 数据库的全部数据库文件、在线日志文件和控制文件的一个操作系统备份。一个完全备份在数据库正常关闭后进行，不能在实例故障后进行。此时，所有构成数据库的全部文件是关闭的，并与当前状态相一致，在数据库打开时不能进行完全备份。由完全备份得到的数据库文件在任何类型的介质恢复模式中都是有用的。

2. 部分备份

部分备份是除完全备份以外的任何操作系统的备份，可在数据库打开或关闭状态下进行。如单个表空间中全部数据文件的备份、单个数据文件的备份和控制文件的备份。部分备份仅对在归档日志方式下运行数据库有用，数据文件可由部分备份恢复，在恢复过程中与数据库其他部分一致。

通过正规备份，并且快速地将备份介质运送到安全的地方，数据库就能够在大多数的灾难中得到恢复。恢复文件的使用是从一个基点的数据库映像开始，到一些综合的备份和日志。由于不可预知的物理灾难，一个完全的数据库恢复可以使数据库映像恢复到尽可能接近灾难发生的时间点的状态。对于逻辑灾难，如人为破坏或者应用故障等，数据库映像应该恢复到错误发生前的那一点。

在一个数据库的完全恢复过程中，基点后所有日志中的事务被重新应用，所以结果就是一个数据库映像反映所有在灾难前已接受的事务，而没有被接受的事务则不被反映。数据库恢复可以恢复到错误发生前的最后一个时刻。

（二）介质故障的恢复

介质故障是当一个文件、文件的一部分或一块磁盘不能读或不能写时出现的故障。介质故障的恢复有以下两种形式，由数据库运行的归档方式决定。如果数据库是可运行的，它的在线日志仅可重用但不能归档，此时介质恢复可使用最新的完全备份的简单恢复；如果数据库可运行且其在线日志是可归档的，该介质故障的恢复是一个实际恢复过程，需重构受损的数据库，恢复到介质故障前的一个指定事务状态。

不管采用哪种方式，介质故障的恢复总是将整个数据库恢复到故障前的一个事务状态。如果数据库是在归档日志方式下运行的，可采用完全介质恢复和不完全介质恢复两种方式进行。

1. 完全介质恢复

完全介质恢复可恢复全部丢失的修改。仅当所有必要的日志可用时才可能这样做。可使用不同类型的完全介质恢复，这要取决于损坏的文件和数据库的可用性。

①关闭数据库的恢复。当数据库可被装配但处于关闭状态时，如完全不能正常使用，此时可进行全部的或单个损坏数据文件的完全介质恢复。

②打开数据库的离线表空间的恢复。当数据库处于打开状态时，完全介质恢复可以对其进行处理。未损坏的数据库表空间处于在线状态时可以使用，而当受损空间处于离线状态时，其所有数据文件可作为完全介质恢复的单位。

③打开数据库的离线表空间的单个数据文件的恢复。当数据库处于打开状态时，完全介质恢复可以对其进行处理。未损坏的数据库表空间处于在线状态时，也可以使用完全介质恢复，而受损的表空间处于离线状态时，该表空间指定的单个受损数据文件可被恢复。

④使用备份控制文件的恢复。当控制文件的所有复制由于磁盘故障而受损时，可使用备份控制文件进行完全介质恢复而不丢失数据。

2. 不完全介质恢复

不完全介质恢复是在完全介质恢复不可能或不要求时进行的介质恢复。可使用不同类型的不完全介质恢复，重构受损的数据库，使其恢复到介质故障前或用户出错前事务的一致性状态。根据具体受损数据的不同，可采用不同的不完全介质恢复。

①基于撤销的不完全介质恢复。在某种情况下，不完全介质恢复必须被控制，数据库管理员可撤销在指定点的操作。可在一个或多个日志组（在线的或归档的）已被介质故障所破坏，不能用于恢复过程时使用基于撤销的恢复。因此，介质恢复必须控制，在使用最近的、未受损的日志组与数据文件后中止恢复操作。

②基于时间和修改的恢复。如果数据库管理员希望恢复到过去的某个指定点，不完全介质恢复是理想的。当用户意外地删除一个表，并注意到错误提交的估计时间，数据库管理员可立即关闭数据库，利用基于时间的恢复，恢复到用户错误之前的时刻。当出现系统故障而使一个在线日志文件的部分被破坏时，所有活动的日志文件突然不能使用，实例被中止，此时需要利用基于修改的介质恢复。在这两种恢复情况下，不完全介质恢复的终点可由时间点或系统修改号（SCN）来指定。

五、数据库的安全保护层次

目前，计算机大批量数据存储的安全问题、敏感数据的防窃取和防篡改问题越来越引起人们的重视。数据库系统作为计算机信息系统的核心部件，数据库文件作为信息的聚集体，其安全性是非常重要的。因此，对数据库的数据和文件进行安全保护是非常必要的。

数据库系统的安全除依赖于其内部的安全机制外，还与外部网络环境、应用环境、从业人员素质等因素有关，因此，从广义上讲，数据库系统的安全框架可以划分为以下3个层次：网络系统层次、操作系统层次、数据库管理系统层次。

这3个层次构成数据库系统的安全体系，与数据库安全的关系是逐层加深的，防范的重要性也逐层加强，从外到内、由表及里保证数据的安全。

（一）网络系统层次安全

从广义上讲，数据库的安全首先依赖于网络系统的安全。随着互联网的发展和普及，越来越多的公司将其核心业务向互联网转移，各种基于网络的数据库应用系统纷纷涌现出来，面向网络用户提供各种信息服务。可以说，网络系统是数据库应用的外部环境和基础，数据库系统要发挥其强大的作用离不开网络系统的支持，数据库系统的用户（如异地用户、分布式用户）也要通过网络才能访问数据库的数据。网络系统是数据库安全的第一道屏障，外部入侵就是从入侵网络系统开始的。网络入侵试图破坏信息系统的完整性、保密性或可信任的任何网络活动的集合。

网络系统开放式环境面临的威胁主要有欺骗、重发、报文修改、拒绝服务、陷阱门、特洛伊木马、应用软件攻击等。这些安全威胁是无时无处不在的，因此必须采取有效的措施来保障系统的安全。

（二）操作系统层次安全

操作系统是大型数据库系统的运行平台，为数据库系统提供了一定程度的安全保护。目前操作系统平台大多为Windows NT和UNIX，安全级别通常为C2级。主要安全技术有访问控制安全策略、系统漏洞分析与防范、操作系统安全管理等。

访问控制安全策略用于配置本地计算机的安全设置，包括密码策略、账户策略、审核策略、IP安全策略、用户权限分配、资源属性设置等，具体可以体现在用户账户、口令、访问权限和审计等方面。

（三）数据库管理系统层次安全

数据库系统的安全在很大程度上依赖于数据库管理系统。如果数据库管理系统的安全机制非常完善，则数据库系统的安全性能就好。目前市场上流行的是关系型数据库管理系统，其安全性能较弱，这就使数据库系统的安全存在一定的威胁。

由于数据库系统在操作系统下都是以文件形式进行管理的，因此入侵者可以直接利用操作系统漏洞窃取数据库文件，或者直接利用操作系统工具非法伪造、篡改数据库文件内容。

数据库管理系统层次安全技术主要是用来解决这一问题的，即当前面两个层次已经被突破的情况下仍能保障数据库数据的安全，这就要求数据库管理系统必须有一套强有力的安全机制。采取对数据库文件进行加密处理是维护该层次安全的有效方法。因此，即使数据不慎泄露或者丢失，也难以被人破译和阅读。

六、数据库的审计

对于数据库系统来说，数据的使用、记录和审计是同时进行的。审计的主要任务是对应用程序或用户使用数据库资源的情况进行记录和审查，一旦出现问题，审计人员就对审计事件记录进行分析，查出原因。因此，数据库审计可作为保证数据库安全的一种补救措施。

安全系统的审计过程是记录、检查和回顾与系统安全相关行为的过程。通过对审计记录的分析，可以明确责任个体，追查违反安全策略的违规行为。审计过程不可省略，审计记录也不可更改或删除。

由于审计行为将影响数据库管理系统的存取速度和反馈时间，因此，必须综合考虑安全性系统性能，按需要提供配置审计事件的机制，以允许数据库管理员根据具体系统的安全性和性能需求做出选择。这些可由多种方法实现，如扩充、打开/关闭审计的 SQL 语句或使用审计掩码等。

数据库审计有用户审计和系统审计两种方式。

1. 用户审计

进行用户审计时，数据库管理系统的审计系统记录下所有对表和视图进行访问的企图，以及每次操作的用户名、时间、操作代码等信息。这些信息一般都被记录在数据字典中，利用这些信息可以进行审计分析。

2. 系统审计

系统审计由系统管理员进行，其审计内容主要是系统一级命令及数据库客体的使用情况。数据库系统的审计工作主要包括设备安全审计、操作审计、应用审计和攻击审计等方面。设备安全审计主要审查系统资源的安全策略、安全保护措施和故障恢复计划等；操作审计主要对系统的各种操作进行记录和分析；应用审计主要对建立于数据库上的整个应用系统的功能、控制逻辑和数据流是否正确进行审计；攻击审计主要对已发生的攻击性操作和危害系统安全的事件进行检查和审计。

常用的审计技术有静态分析系统技术、运行验证技术和运行结果验证技术等。为了真正达到审计目的，必须对记录了数据库系统中所发生过的事件的审计数据提供查询和分析手段。具体而言，审计分析要解决特权用户的身份鉴别、审计数据的查询、审计数据的格式、审计分析工具的开发等问题。

七、数据库的加密保护

大型数据库管理系统的运行平台一般都具有用户注册、用户识别、自主访问控制、审计等安全功能。虽然数据库管理系统在操作系统的基础上增加了不少安全措施（如基于权限的访问控制等），但操作系统和数据库管理系统对数据库文件本身仍然缺乏有效的安全保护措施。有经验的网上黑客也会绕过一些防范屏障，直接利用操作系统工具窃取或篡改数据库文件内容，这种隐患被称为通向数据库管理系统的"隐秘通道"，它所带来的危害一般难以被数据库用户觉察。

在传统的数据库系统中，数据库管理员的权力至高无上，既负责各项系统的管理工作（如资源分配、用户授权、系统审计等），又可以查询数据库中的一切信息。为此，不少系统通过各种方式来削弱系统管理员的权力。

对数据库中存储的数据进行加密是一种保护数据库数据安全的有效方法。数据库的数据加密一般是在通用的数据库管理系统之上，增加一些加密/解密控件，来完成对数据本身的控制。与一般通信中加密的情况不同，数据库的数据加密通常不对数据文件加密，而对记录的字段加密。当然，在数据备份到离线的介质上送到异地保存时，也有必要对整个数据文件进行加密。

实现数据库加密以后，各用户（或用户组）的数据由用户使用自己的密钥加密，数据库管理员对获得的信息无法随意进行解密，从而保证了用户信息的安全。另外，通过加密，数据库的备份内容成为密文，从而能减少因备份介质失窃或丢失而造成的损失。由此可见，数据库加密对于企业内部安全管理也是不可或缺的。

也许有人认为，对数据库加密后会严重影响数据库系统的效率，使系统不堪重负。事实并非如此。如果在数据库客户端进行数据加密/解密运算，对数据库服务器的负载及系统运行几乎没有影响。比如，在普通计算机上，用纯软件实现 DES 加密算法的速度超过 200KB/s，如果对一篇 1 万个汉字的文章进行加密，其加密/解密时间仅需 0.1s，用户对这种时间延迟几乎无感觉。目前，加密卡的加密/解密速度一般为 1Mb/s，对中小型数据库系统来说，这个速度即使在服务器端进行数据的加密/解密运算也是可行的，因为一般的关系型数据项都不会太长。

（一）数据库加密的要求

一个良好的数据库加密系统应该满足以下一些基本要求。

1. 字段加密

在目前条件下，加密/解密的粒度是每个记录的字段数据。如果以文件或列为单位进行加密，必然会形成密钥的反复使用，从而降低加密系统的可靠性，或者因加密/解密时间过长而无法使用。只有以记录的字段数据为单位进行加密/解密，才能适应数据库操作的需要，同时进行有效的密钥管理并完成"一次一密钥"的密码操作。

2. 密钥动态管理

数据库客体之间隐含着复杂的逻辑关系，一个逻辑结构可能对应着多个数据库物理客体，所以数据库加密不仅密钥量大，而且组织和存储工作较复杂，需要对密钥实行动态管理。

3. 合理处理数据

合理处理数据包括几方面的内容：首先，要恰当地处理数据类型，否则数据库管理系统将会因加密后的数据不符合定义的数据类型而拒绝加载；其次，需要处理数据的存储问题，实现数据库加密后，应基本上不增加空间开销。在目前条件下，数据库关系运算中的匹配字段（如表间连接码、索引字段等）、数据不宜加密。

4. 不影响合法用户的操作

加密系统对数据操作响应的时间应尽量短。在现阶段，平均延迟时间不应超过0.1s。此外，对数据库的合法用户来说，数据的录入、修改和检索操作应该是透明的，不需要考虑数据的加密/解密问题。

（二）数据库加密的层次

可以考虑在3个不同层次实现对数据库数据的加密，这3个层次分别是操作系统层、数据库管理系统内核层和数据库管理系统外层。

在操作系统层，无法辨认数据库文件中的数据关系，从而无法产生合理的密钥，也无法进行合理的密钥管理和使用。所以，在操作系统层对数据库文件进行加密，对于大型数据库来说，目前还难以实现。

在数据库管理系统内核层实现加密，即数据在物理存取之前完成加密/解密工作。这种方式势必造成数据库管理系统和加密器（硬件或软件）之间的接口需要数据库管理系统开发商的支持。这种加密方式的优点是加密功能强，并且加密功能几乎不会影响数据库管理系统的功能，可以实现加密功能与数据库管理系统之间的无缝耦合。但这种方式的缺点是在服务器端进行加密/解密运算，加重了数据库服务器的负载。

比较实际的做法是将数据库加密系统做成数据库管理系统的一个外层工具。采用这种加密方式时，加密/解密运算可以放在客户端进行，其优点是不会加重数据库服务器的负载，并可实现网上传输加密；缺点是加密功能会受到一些限制，与数据库管理系统之间的耦合性稍差。

（三）数据库加密的有关问题

数据库加密系统首先要解决系统本身的安全性和可靠性问题，在这方面可以采用以下几项安全措施。

1. 在用户进入系统时进行两级安全控制

两级安全控制可以采用多种方式，包括设置数据库用户名和口令，或者利用IC卡读写器、指纹识别器进行用户身份认证。

2. 防止非法复制

对于纯软件系统，可以采用软指纹技术防止非法复制。当然，如果每台客户机上都安装加密卡等硬部件，安全性会更好。此外，数据库加密系统还应该保留数据库原有的安全措施，如权限控制、备份/恢复和审计控制等。

3. 安全的数据抽取方式

数据库加密系统提供两种数据库中卸出和装入加密数据的方式。

①密文方式卸出。这种卸出方式不解密，卸出的数据还是密文，在这种模式下，可直接使用数据库管理系统提供的卸出/装入工具。

②明文方式卸出。这种卸出方式需要解密，卸出的数据是明文，在这种模式下，可利用系统专用工具先进行数据转换，再使用数据库管理系统提供的卸出/装入工具完成。

4. 数据库加密系统结构

数据库加密系统分成两个功能独立的主要部件：一个是加密字典管理程序，另一个是数据库加密/解密引擎。数据库加密系统将用户对数据库信息具体的加密要求记载在加密字典中，加密字典是数据库加密系统的基础信息，可以通过调用数据库加密/解密引擎实现对数据库表的加密、解密及数据转换等功能。数据库信息的加密/解密处理是在后台完成的，对数据库服务器是透明的。

加密字典管理程序是管理加密字典的实用程序，是数据库管理员变更加密要求的工具。加密字典管理程序通过数据库加密/解密引擎实现对数据库表的加密/解密及数据转换等功能，此时，它作为一个特殊客户来使用数据库加密/解密引擎。

数据库加密/解密引擎是数据库加密系统的核心部件，它位于应用程序与数据库服务器之间，负责在后台完成数据库信息的加密/解密处理，对应用开发人员和操作人员来说是透明的。数据加密/解密引擎没有操作界面，在需要时由操作系统自动加载并驻留在内存中，通过内部接口与加密字典管理程序和用户应用程序通信。

数据库加密/解密引擎由3大模块组成：数据库接口模块、用户接口模块和加密/解密处理模块。其中，数据库接口模块的主要工作是接受用户的操作请求，并传递给加密/解密处理模块，此外还要代替加密/解密处理模块去访问数据库服务器，并完成外部接口参数与加密/解密引擎内部数据结构之间的转换。加密/解密处理模块完成数据库加密/解密引擎的初始化、内部专用命令的处理、加密字典信息的检索、加密字典缓冲区的管理、SQL命令的加密变换、查询结果的解密处理以及加密/解密算法的实现等功能，另外还包括一些公用的辅助函数。

按以上方式实现的数据库加密系统具有很多优点：

①系统对数据库的最终用户完全透明，数据库管理员可以指定需要加密的数据并根据需要进行明文和密文的转换；

②系统完全独立于数据库应用系统，不需要改动数据库应用系统就能实现加密功能，同时系统采用了分组加密法和二级密钥管理，实现了"一次一密钥"加密操作；

③系统在客户端进行数据加密/解密运算，不会影响数据库服务器的系统效率，数据加密/解密运算基本无延迟感觉。

数据库加密系统能够有效地保证数据的安全，即使黑客窃取了关键数据，仍然难以得到所需的信息，因为所有的数据都经过了加密。另外，数据库加密以后，可以设定不需要了解数据内容的系统管理员不能见到明文，这样可大大提高关键性数据的安全性。

八、数据的完整性

在当今信息时代，几乎所有企事业单位的核心业务处理都依赖于计算机网络系统。在计算机网络系统中最为宝贵的就是数据。数据在计算机网络中具有两种状态：存储状态和传输状态。当数据在计算机系统数据库中保存时，处于存储状态，而在与其他用户或系统交换时，数据处于传输状态。

（一）影响数据完整性的因素

数据完整性的目的就是保证网络数据库系统数据处于一种完整或未被损坏的状态。数据完整性意味着数据不会由于有意或无意的事件而被改变或丢失。相反，数据完整性的丧失，就意味着发生了导致数据被篡改或丢失的事件。为此，应首先检查造成数据完整性被破坏的原因，以便采取适当的方法予以解决，从而提高数据完整性的程度。通常，影响数据完整性的主要因素有硬件故障、软件故障、网络故障、人为威胁和意外灾难等。另外，系统数据库中的数据和存储在硬盘、光盘、软盘中的数据由于各种因素影响而失效（失去原数据功能），这也是影响数据完整性的一个方面。

1. 硬件故障

常见的影响数据完整性的硬件故障主要有硬盘故障、I/O 控制器故障、电源故障和存储器故障等。

①计算机系统运行过程中最常见的问题是硬盘故障。硬盘是一种很重要的设备，用户的文件系统、数据和软件等都存放在硬盘上。虽然每个硬盘都有一个平均无故障时间，但这并不意味着硬盘不会出问题。每次硬盘出现问题时，用户最着急的并非硬盘本身的价值，而是硬盘上存放的数据。

②I/O 控制器也可引起用户的数据丢失。因为 I/O 控制器有可能在某次读写过程中将硬盘上的数据删除或覆盖。这样的事情其实比硬盘故障更严重，因为硬盘出现故障时还有可能通过修复措施挽救硬盘上的数据，但如果数据完全被删除了，就无法恢复了。虽然 I/O 控制器故障发生概率很小，但它毕竟存在。

③电源故障也是数据丢失的一个原因。由于电源故障可能来自外部电源停电或内部供电问题等原因，所以系统断电是不可预知的。系统突然断电时，某些存储器中的数据将会丢失。

④硬盘、光盘、软盘等外存储器经常由于磕碰、振动或其他因素影响，使得存储介质表面损坏或出现其他故障，而使数据丢失或无法读出，这些数据就失去了完整性或可用性。此外，设备和其他备份的故障、芯片和主板故障也会引起数据的丢失。

2. 软件故障

软件故障也是威胁数据完整性的一个重要因素。常见的软件故障有软件错误、文件损坏、数据交换错误、容量错误和操作系统错误等。

软件具有安全漏洞是一个常见的问题。有的软件出错时,会对用户数据造成损坏,最可怕的事情是以超级用户权限运行的程序发生错误时,它可以把整个硬盘从根区开始删除。在应用程序之间交换数据是常有的事,当文件转换过程生成的新文件不具有正确的格式时,数据的完整性将受到威胁。

软件运行不正常的另一个原因在于资源容量达到极限。如果磁盘根区被占满,将使操作系统运行不正常,引起应用程序出错,从而导致数据丢失。操作系统普遍存在漏洞,这是众所周知的。此外,系统的应用程序接口被开发商用来为最终用户提供服务,如果这些应用程序接口工作不正常,就会破坏数据。

3. 网络故障

网络故障通常由网卡和驱动程序问题、网络连接问题等引起。

网卡和驱动程序实际上是不可分割的,多数情况下,网卡和驱动程序故障并不损坏数据,只造成使用者无法访问数据。但当网络服务器网卡发生故障时,服务器通常会停止运行,这就很难保证被打开的那些数据文件是否被损坏。

网络中数据传输过程中,往往会由于互联设备(如路由器、网桥)的缓冲容量不够大而引起数据传输阻塞现象,从而导致数据包丢失。相反,这些互联设备也可能有较大的缓冲区,但由于调动这么大的信息流量造成的时延有可能会导致会话超时。此外,不正确的网络布线也会影响数据的完整性。

4. 人为威胁

人为活动对数据完整性造成的影响是多方面的。人为威胁使数据丢失或改变是由操作数据的用户本身造成的。分布式系统中最薄弱的环节就是操作人员。人类易犯错误的天性是许多难以解释的错误发生的原因,比如意外事故、缺乏经验、工作压力、蓄意报复破坏和窃取等。

5. 灾难性事件

通常所说的灾难性事件有火灾、水灾、风暴、工业事故、蓄意破坏和恐怖袭击等。灾难性事件对数据完整性有相当大的威胁。如果没有做好备份,所造成的损失是巨大的。

灾难性事件对数据完整性之所以能造成严重的威胁,原因是灾难本身难以预料,特别是那些工业事件和恐怖袭击。另外,灾难所破坏的是包含数据在内的物理载体本身,所以,灾难基本上会将所有的数据全部毁灭。

（二）保证数据完整性的方法

1. 数据完整性措施

最常用的保证数据完整性的措施是容错技术。常用的恢复数据完整性和防止数据丢失的容错技术有备份和镜像、归档和分级存储管理、转储、奇偶检验和突发事件的恢复计划等。

容错的基本思想是在正常系统基础上，利用外加资源（软、硬件冗余）来达到降低故障的影响或消除故障的目的，从而可自动地恢复系统或达到安全停机的目的。也就是说，容错是以牺牲软硬件成本为代价达到保证系统的可靠性的，如双机热备份系统。

目前容错技术将向应用芯片技术容错，软件可靠性技术，高性能、高可靠性的分布式容错系统，综合性容错方法的研究等方向发展。

2. 容错系统的实现方法

常用的实现容错系统的方法有空闲备件、负载平衡、镜像、冗余系统配件和冗余存储系统等。

（1）空闲备件

空闲备件指在系统中配置一个处于空闲状态的备用部件，它是提供容错的一条途径。当原部件出现故障时，该部件就取代原部件的功能。该容错类型的一个简单例子是将一个旧的低速打印机连在系统上，但只在当前使用的打印机出现故障时再使用该打印机，即该打印机就是系统打印机的一个空闲备件。空闲备件在原部件发生故障时起作用，但与原部件不一定相同。

（2）负载平衡

负载平衡提供容错的途径是使两个部件共同承担一项任务，一旦其中一个部件出现故障，另一个部件就将两者的负载全部承担下来。这种方法通常在使用双电源的服务器系统中采用，如一个电源出现故障，另一个电源就承担原来两倍的负载。网络系统中常见的负载平衡是对称多处理。在对称多处理中，系统中的每一个处理器都能执行系统中的任何工作，即这种系统努力在不同的处理器之间保持负载平衡。由于该原因，对称多处理具有在CPU级别上提供容错的能力。

（3）镜像

镜像技术是一种在系统容错中常用的方法。在镜像技术中，两个等同的系统完成相同的任务。如果其中一个系统出现故障，另一个系统则继续工作。这种方法通常用于磁盘子系统中，两个磁盘控制器可在同样型号磁盘的相同扇区内写入相同的内容。NetWare 系统的 SFT Ⅲ 是一个典型的镜像技术，镜像要求两个系统完全相同，且完成同一个任务。

（4）冗余系统配件

冗余系统配件是在系统中增加一些冗余配件，以增强系统故障的容错性。通常增加的冗余系统配件有电源、I/O 设备和通道、主处理器等。

（5）冗余存储系统

最常用的冗余存储系统有磁盘镜像和磁盘冗余阵列（RAID）。

1）磁盘镜像

a. 磁盘镜像。磁盘镜像支持在主机的一个硬盘通道上连接两块硬盘，一个为原盘，另一个为镜像盘。当主机写原盘时，同时也写了镜像盘，并对两个盘表面进行写后读验证。如果工作中原盘出现故障，镜像盘则自动承担原盘工作，数据不会丢失，系统也不会中止工作。

b. 磁盘双工。磁盘镜像是用一个通道连接两个硬盘的，而磁盘双工是由两个通道带两个硬盘的。这样，当一个硬盘驱动器或通道控制器出现故障时，能使用另一个通道上的硬盘而不影响系统的运行。同时，系统发出警告，促使磁盘双工保护措施尽快地得到恢复。

2）独立磁盘冗余阵列

独立磁盘冗余阵列，简称磁盘阵列，可采用硬件或软件的方法实现。磁盘阵列由磁盘控制器和多个磁盘驱动器组成，由磁盘控制器控制和协调多个磁盘驱动器的读、写操作。根据使用的磁盘阵列级别，一个数据文件可以采取不同的方式写入多个磁盘，从而提高性能。磁盘阵列是一种能够在不经历任何故障时间的情况下更换正在出错的磁盘或已发生故障的磁盘的存储系统，它是保证磁盘子系统非故障时间的一条途径。磁盘阵列的初衷主要是为大型服务器提供高端的存储功能和冗余的数据安全。可以这样来理解，磁盘阵列是一种把多块独立的硬盘（物理硬盘）按不同方式组合起来形成一个硬盘组（逻辑硬盘），从而提供比单个硬盘更高的存储性能和提供数据冗余的技术。组成磁盘阵列的不同方式便成为磁盘阵列级别划分的标准。在用户看来，组成的磁盘组就像是一个硬盘。用户可以对它进行分区、格式化等。不同的是，磁盘阵列的存储性能要比单个硬盘高很多，而且在很多磁盘阵列模式中都有较为完备的相互校检/恢复措施，甚至是直接相互的镜像备份，从而大大提高了磁盘阵列系统的容错度，提高了系统的稳定冗余性。

不过，所有的磁盘阵列系统最大的优点则是"热交换"能力：用户可以取出一个存在缺陷的驱动器，并插入一个新的驱动器予以更换。对大多数类型的磁盘阵列来说，可以利用镜像或奇偶信息在其他冗余的驱动器中重建数据，而不必中断服务器或系统，就可以自动重建某个出现故障的磁盘上的数据。这一点对服务器用户以及其他高要求的用户是至关重要的。

数据冗余的功能指用户数据一旦发生损坏后，利用冗余信息可以使损坏数据得以恢复，从而保障了用户数据的完整性。

磁盘阵列技术经过不断的发展，现在已拥有从 RAID 0 到 RAID 6 等 7 种基本的级别；另外，还有一些基本磁盘阵列级别的组合形式，如 RAID 10（RAID 0 与 RAID 1 的组合）、RAID50（RAID 0 与 RAID 5 的组合）等。不同磁盘阵列级别代表着不同的存储性能、数据安全性和存储成本。

第三节 数据备份与恢复

在日常工作中，人为操作错误、系统软件或应用软件缺陷、硬件损毁、计算机病毒、黑客攻击、突然断电、意外宕机、自然灾害等诸因素都有可能造成计算机中数据的丢失，给企业造成无法估量的损失。数据的丢失极有可能演变成一场灭顶之灾。因此，数据备份与恢复对企业来说显得格外重要。

一、数据备份

（一）数据备份的概念

数据备份就是为防止系统出现操作失误或系统故障导致数据丢失，而将全系统或部分数据集合从应用主机的硬盘或阵列中复制到其他存储介质上的过程。计算机系统中的数据备份，通常是将存储在计算机系统中的数据复制到磁带、磁盘、光盘等存储介质上，在计算机以外的地方另行保管。这样，当计算机系统设备发生故障或发生其他威胁数据安全的灾害时，能及时地从备份的介质上恢复正确的数据。

数据备份的目的就是系统数据崩溃时能够快速地恢复数据，使系统迅速恢复运行。那么就必须保证备份数据和源数据的一致性和完整性，消除系统使用者的后顾之忧。其关键在于保障系统的高可用性，即操作失误或系统故障发生后，能够保障系统的正常运行。如果没有了数据，一切的恢复都是不可能实现的，因此备份是一切灾难恢复的基石。从这个意义上说，任何灾难恢复系统实际上都是建立在备份基础上的。

现在不少企业也意识到了这一点，采取了系统定期检测与维护、双机热备份、磁盘镜像或容错、备份磁带异地存放、关键部件冗余等多种预防措施。这些措施一般能够进行数据备份，并且在系统发生故障后能够快速进行系统恢复。

第四章　数据库与数据安全技术

数据备份和恢复系统通过将计算机系统中的数据进行备份和脱机保存后,当系统中的数据因任何原因丢失、混乱或出错时,即可将原备份的数据从备份介质中恢复系统,使系统重新工作。数据备份与恢复系统是数据保护措施中最直接、最有效、最经济的方案,也是任何计算机信息系统不可缺少的一部分。

数据备份能够用一种增加数据存储代价的方法保护数据安全,它对于拥有重要数据的企事业单位是非常重要的,因此数据备份和恢复通常是大中型企事业单位的网络系统管理员每天必做的工作之一。对于个人计算机用户,数据备份也是非常必要的。

传统的数据备份主要采用数据内置或外置的磁带机进行冷备份。一般来说,各种操作系统都附带了备份程序。但是随着数据的不断增加和系统要求的不断提高,附带的备份程序根本无法满足需求。要想对数据进行可靠的备份,必须选择专门的备份软、硬件,并制订相应的备份及恢复方案。

目前比较常用的数据备份有以下几种。

①本地磁带备份:利用大容量磁带备份数据。

②本地可移动存储器备份:利用大容量等价软盘驱动器、可移动等价硬盘驱动器、一次性可刻录光盘驱动器、可重复刻录光盘驱动器进行数据备份。

③本地可移动硬盘备份:利用可移动硬盘备份大量的数据。

④本机多硬盘备份:在本机内装有多块硬盘,利用除安装和运行操作系统和应用程序的一块或多块硬盘外的其余硬盘进行数据备份。

⑤远程磁带库、光盘库备份:将数据传送到远程备份中心制作完整的备份磁带或光盘。

⑥远程关键数据加磁带备份:采用磁带备份数据,生产机实时向备份机发送关键数据。

⑦远程数据库备份:在与主数据库所在生产机相分离的备份机上建立主数据库的一个备份。

⑧网络数据镜像:对生产系统的数据库数据和所需跟踪的重要目标文件的更新进行监控与跟踪,并将更新日志实时通过网络传送到备份系统,备份系统则根据日志对磁盘进行更新。

⑨远程镜像磁盘:通过高速光纤通道线路和磁盘控制技术将镜像磁盘延伸到远离生产机的地方,镜像磁盘数据与主磁盘数据完全一致,更新方式为同步或异步。

（二）数据备份的类型

按数据备份时数据库状态的不同可分为冷备份、热备份和逻辑备份等类型。

1. 冷备份

冷备份（Cold Backup）是在关闭数据库的状态下进行的数据库完全备份。备份内容包括所有的数据文件、控制文件、联机日志文件、ini 文件等。因此，在进行冷备份时数据库将不能被访问。冷备份通常只采用完全备份。

2. 热备份

热备份（Hot Backup）是在数据库处于运行状态下，对数据文件和控制文件进行的备份。使用热备份必须将数据库运行在归档（Archivelog）方式下，因此，在进行热备份的同时可以进行正常数据库的各种操作。

3. 逻辑备份

逻辑备份是最简单的备份方法，可按数据库中某个表、某个用户或整个数据库进行导出。使用这种方法，数据库必须处于打开状态，而且如果数据库不是在 Restrict 状态将不能保证导出数据的一致性。

（三）数据备份策略

需要进行数据备份的部门都要先制定数据备份策略。数据备份策略包括确定需备份的数据内容（如完全备份、增量备份、差别备份或按需备份）、备份类型（如冷备份、热备份）、备份周期（如月、周、日、小时）、备份方式（如手工备份、自动备份）、备份介质（如光盘、硬盘、磁带、U 盘）和备份介质的存放等。下面是不同数据内容的几种备份方式。

1. 完全备份

完全备份（Full Backup）即按备份周期（如一天）对整个系统所有文件（数据）进行备份。这种备份方式比较流行，也是克服系统数据不安全的最简单方法，操作起来也很方便。有了完全备份，网络管理员可清楚地知道从备份之日起便可恢复网络系统的所有信息，恢复操作也可一次性完成，如发现数据丢失时，只要用一盘故障发生前一天备份的磁带，即可恢复丢失的数据。但这种方式的不足之处是由于每天都对系统进行完全备份，在备份数据中必定有大量的内容是重复的，这些重复的数据占用了大量的磁带空间，这对用户来说就意味着增加成本。另外，由于进行完全备份时需要备份的数据量相当大，因此备份所需时间较长。对于那些业务繁忙，备份窗口时间有限的单位来说，选择这种备份策略是不合适的。

2. 增量备份

增量备份（Incremental Backup）即每次备份的数据只相当于上一次备份后增加的和修改过的内容，即备份的都是已更新过的数据。比如，系统在星期日做了一次完全备份，然后在以后的6天里每天只对当天新的或被修改过的数据进行备份。这种备份的优点很明显，没有或减少了重复的备份数据，既节省存储介质空间，又缩短了备份时间。但它的缺点是恢复数据过程比较麻烦，不可能一次性地完成整体的恢复。

3. 差别备份

差别备份（Differential Backup）也是在完全备份后将新增加或修改过的数据进行备份，但它与增量备份的区别是每次备份都把上次完全备份后更新过的数据进行备份。比如，星期日进行完全备份后，其余6天中的每一天都将当天所有与星期日完全备份时不同的数据进行备份。差别备份可节省备份时间和存储介质空间。只需两盘磁带（星期日备份磁带和故障发生前一天的备份磁带）即可恢复数据。差别备份兼具了完全备份发生数据丢失时恢复数据较方便和增量备份节省存储介质空间及备份时间的优点。

完全备份所需的时间最长，占用存储介质容量最大，但数据恢复时间最短、操作最方便，当系统数据量不大时该备份方式最可靠。但当数据量增大时，很难每天都做完全备份，可选择周末做完全备份，在其他时间采用所用时间最少的增量备份或时间介于两者之间的差别备份。在实际备份应用中，通常也是根据具体情况，采用这几种备份方式的组合，如年底做完全备份、月底做完全备份、周末做完全备份，而每天做增量备份或差别备份。

4. 按需备份

除以上备份方式外，还可采用对随时所需数据进行备份的方式进行数据备份。按需备份，就是指除正常备份外，额外进行的备份操作。额外备份可以有许多理由，比如，只想备份很少几个文件或目录、备份服务器上所有必需的信息以便进行更安全的升级等。这样的备份在实际中经常遇到，它可弥补冗余管理或长期转储的日常备份的不足。

二、数据恢复

数据恢复指将备份到存储介质上的数据再恢复到计算机系统中，它与数据备份是一个相反的过程。数据恢复措施在整个数据安全保护中占有相当重要的地位，因为它关系到系统在经历灾难后能否迅速恢复运行。

通常，在遇到下列情况时应使用数据恢复功能进行数据恢复：

①当硬盘数据被破坏时；

②当需要查询以往年份的历史数据，而这些数据已从现系统上清除；

③当系统需要从一台计算机转移到另一台计算机上运行时，可将使用的相关数据恢复到新计算机的硬盘上。

1. 恢复数据时的注意事项

①由于恢复数据是覆盖性的，不正确的恢复可能破坏硬盘中的最新数据，因此在进行数据恢复时，应先将硬盘数据备份。

②进行恢复操作时，用户应指明恢复何年何月的数据。当开始恢复数据时，系统首先识别备份介质上标识的备份日期是否与用户选择的日期相同，如果不同将提醒用户更换备份介质。

③由于数据恢复工作比较重要，容易错把系统上的最新数据变成备份盘上的旧数据，因此应指定少数人进行此项操作。

④不要在恢复过程中关机、关电源或重新启动机器。

⑤不要在恢复过程中打开驱动器开关或抽出软盘、光盘，除非系统提示换盘。

2. 数据恢复的类型

一般来说，数据恢复操作比数据备份操作更容易出问题。数据备份只是将信息从磁盘复制出来，而数据恢复则要在目标系统上创建文件，在创建文件时会出现许多差错，如超过容量限制、权限问题和文件覆盖错误等。数据备份操作无须知道太多的系统信息，只需复制指定信息即可，而数据恢复操作则需要知道哪些文件需要恢复，哪些文件不需要恢复等。

数据恢复操作通常可分为3类：全盘恢复、个别文件恢复和重定向恢复。

（1）全盘恢复

全盘恢复就是将备份到介质上的指定系统信息全部转储到它们原来的地方。全盘恢复一般用在服务器发生意外灾难时导致数据全部丢失、系统崩溃或是有计划的系统升级、系统重组等情况，也称为系统恢复。

（2）个别文件恢复

个别文件恢复就是将个别已备份的最新版文件恢复到原来的地方。对大多数备份来说，这是一种相对简单的操作。个别文件恢复要比全盘恢复常用得多。利用网络备份系统的恢复功能，很容易恢复受损的个别文件（数据）。需要时只要浏览备份数据库或目录，找到该文件（数据），启动恢复功能，系统将自动驱动存储设备，加载相应的存储媒体，恢复指定文件（数据）。

（3）重定向恢复

重定向恢复是将备份的文件（数据）恢复到另一个不同的位置或系统上去，而不是做备份操作时它们所在的位置。重定向恢复可以是整个系统恢复，也可以是个别文件恢复。进行重定向恢复时需要慎重考虑，要确保系统或文件恢复后的可用性。

第五章 计算机网络防火墙技术

第五章 计算机网络防火墙技术

第一节 防火墙概述

从 1946 年 2 月 14 日世界上第一台通用计算机埃尼阿克（ENIAC）的诞生，到现在计算机科学与技术日新月异迅猛发展的 21 世纪信息时代，计算机经历了无数次的更新换代，而随着计算机网络技术的突飞猛进，越来越多的计算机需要连接到互联网，在互联网上进行各种各样的网络活动，而正是因为这些活动也同时促进了网络安全、网络侵权等犯罪活动和行为的出现，并且日益猖獗。非法侵入他人计算机系统、破坏计算机系统、窃取机密、非法盗取财物、侵犯用户权利等现象越发频繁。

任何网络连入了互联网而没有做任何的网络安全防范措施就很有可能会立即受到网络黑客的不法入侵和攻击，最后甚至导致该计算机系统崩溃。网络黑客攻击的目标不仅锁定在个人计算机上，而且还有可能入侵公司企业的网络。盗取商业机密等具有重大价值的信息，这也是黑客们所感兴趣的。

在互联网攻击数量直线上升的情况下，网络安全的问题已经日益凸显地摆在各类用户的面前，原本不重视网络安全的用户开始将网络安全问题摆在首要解决的日程表上，并采取多种方法维护自己计算机网络的安全，从而免遭网络黑客、各种病毒和木马的侵害。保护计算机网络安全现在已成为计算机用户必须去考虑并且解决的问题。

一、防火墙的概念

防火墙是在两个网络之间执行访问控制策略的一个或一组安全系统。它是一种计算机硬件和软件系统的集合，是实现网络安全策略的有效工具之一，被广泛地应用到互联网与内部网之间。可以说，防火墙是设置在被保护网络和外部网络之间的一道屏障，实现网络的安全保护，以防止发生不可预测的、潜在破坏性的侵入。防火墙本身具有较强的抗攻击能力，它是提供信息安全服务、实现网络和信息安全的基础设施。

通常，防火墙建立在内部网和互联网之间的一个路由器或计算机上，该计算机也叫堡垒主机。它就如同一堵带有安全门的墙，可以阻止外界对内部网络资源的非法访问和通行合法访问，也可以防止内部对外部网络的不安全访问和通行安全访问。

防火墙是由软件和硬件组成的，所有进出内部网络的通信流都应该通过防火墙，所有穿过防火墙的通信流都必须有安全策略和计划的确认和授权。从理论上讲，防火墙是穿不透的。

二、防火墙的发展简史

防火墙的出现为用户解决网络安全问题做出了巨大贡献。对于保护网络安全，防火墙是最基础的设备，它的主要功能在于把那些不受欢迎的访问、信息或者数据包等隔离在特定的网络之外，它是一种经济实用的网络边界防护设备。防火墙通常被放置在内部网络与外部网络的连接处，通过执行特定的访问规则和安全策略来保护与外部网络相连的内部网络。内部网络与外部网络之间的任何数据传递都必须通过防火墙这一关，防火墙对这些数据以及访问需求进行分析、处理，并根据已设置的安全规则来判定是否允许其通过。建立防火墙对于保护内部网络免受来自外部的攻击有较好的防范作用。同时，由于防火墙系统本身具备较高的系统安全级别，可以防止非法用户通过控制防火墙对内网发动攻击。

因此，防火墙被越来越多的企业公司和个人电脑用户所接纳和使用，迅速地发展普及起来，成为网络黑客和各种病毒、木马和恶意插件的克星。

三、防火墙的分类

通过前面的分析可知，防火墙就是在两个网络间实现访问控制的一个或一组软件或硬件系统。防火墙的最主要功能就是屏蔽和允许指定的数据通信，而该功能的实现又主要是依靠一套访问控制策略，由访问控制策略来决定通信的合法性。下面将根据不同的分类原则，分别对不同的防火墙进行简单阐述。

（一）按实现的物理实体分类

根据防火墙实现的物理实体不同，可以将防火墙分为软件防火墙、芯片级防火墙以及硬件防火墙。

所谓的软件防火墙就像其他软件产品一样需要先在计算机上安装并做好配置才可以使用。使用这类防火墙，需要网管对所工作的操作系统平台比较熟悉。

所谓的芯片级防火墙则是基于专门的硬件平台的防火墙，并且专有的 ASIC 芯片促使它们比其他种类的防火墙速度更快，处理能力更强，性能更高。做这类防火墙最出名的厂商主要有网屏、飞塔、思科等。由于这类防火墙是专用操作系统，因此防火墙本身的漏洞比较少，不过价格相对比较高。

目前市场上大多数防火墙都是这种所谓的硬件防火墙，它们都基于 PC 架构，无须专用的硬件平台。就是说，它们和普通的家庭用的计算机没有太大区别。在这些 PC 架构计算机上运行一些经过裁剪和简化的操作系统，最常用的有老版本的 UNIX、Linux 和 FreeBSD 系统。值得注意的是，由于此类防火墙采用的依然是别人的内核，因此依然会受到操作系统本身安全性的影响。

传统硬件防火墙一般至少应具备三个端口，分别接内网、外网和 DMZ 区（非军事化区），现在一些新的硬件防火墙往往扩展了端口，常见四端口防火墙一般将第四个端口作为配置口、管理端口。很多防火墙还可以进一步扩展端口数目。

（二）按工作方式分类

按照防火墙在实现其网络防护功能中工作方式的不同，可以将其分为包过滤型防火墙和应用代理型防火墙两种。

包过滤（Packet Filtering）型防火墙工作在 OSI 网络参考模型的网络层和传输层，它根据数据包头源地址、目的地址、端口号和协议类型等标志确定是否允许通过。只有满足过滤条件的数据包才被转发到相应的目的地，其余数据包则被从数据流中丢弃。

应用代理（Application Proxy）型防火墙工作在 OR 的最高层，即应用层。其特点是完全"阻隔"了网络通信流，通过对每种应用服务编制专门的代理程序，实现监视和控制应用层通信流的作用。

（三）按部署结构分类

按防火墙部署结构，防火墙结构分为单一主机防火墙、路由器集成式防火墙和分布式防火墙三种。

①单一主机防火墙是最为传统的防火墙，独立于其他网络设备，位于网络边界。它与一台计算机结构差不多，价格昂贵。

②路由器集成式防火墙通常是较低级的包过滤型。许多中、高档路由器中集成了防火墙功能。这样企业就不用再同时购买路由器和防火墙，大大降低了网络设备购买成本。

③分布式防火墙不只位于网络边界，它还渗透于网络的每一台主机中，

对整个内部网络的主机实施保护。在网络服务器中，通常会安装一个用于防火墙系统的管理软件，在服务器及各主机上安装有集成网卡功能的 PCI 防火墙卡。

（四）按部署位置分类

按防火墙的应用部署，分为边界防火墙、个人防火墙和混合式防火墙三大类。

（五）按性能分类

按防火墙性能，分为百兆级防火墙和千兆级防火墙两类。目前还针对小企业用户（网络流量小、用户数量较少）生产出了桌面型防火墙。

因为防火墙通常位于网络边界，所以不可能只是十兆级的，这主要指防火的通道带宽（Bandwidth）或者吞吐率。当然通道带宽越宽，性能越强大，这样的防火墙因包过滤或应用代理所产生的延时也越小，对整个网络通信性能的影响也就越小。

四、防火墙的功能

防火墙之所以能增强机构内部网络的安全性，是因为防火墙系统决定了哪些内部服务可以被外界访问；外界的哪些人可以访问内部的服务以及哪些外部服务可以被内部人员访问。防火墙必须只允许授权的数据通过，而且防火墙本身也必须能够免于渗透。一般来说，利用防火墙保护内部网络主要有以下几个主要功能。

1. 控制对网点的访问和封锁网点信息的泄露

防火墙可看作检查点，所有进出的信息都必须穿过它，为网络安全起把关作用，有效地阻挡外来的攻击，对进出的数据进行监视，只允许授权的通信通过，保护网络中脆弱的服务。

2. 能限制被保护子网的泄露

为防止影响一个网段的问题穿过整个网络传播，防火墙可隔离网络的一个网段和另一个网段，从而限制了局部网络安全问题对整个网络的影响。

3. 具有审计作用

防火墙能有效地记录互联网的活动，因为所有传输的信息都必须穿过防火墙，防火墙能帮助记录有关内部网络和外部网络的互访信息和入侵者的任何企图。

4. 能强制安全策略

互联网上的许多服务是不安全的，防火墙是这些服务的"交通警察"，它执行站点的安全策略，仅允许"认可"和符合规则的服务通过。

此外，防火墙还具有其他一些优点：监视网络的安全并产生报警；保密性好；强化私有权；提供加密和解密，便于网络实施密钥管理。

① 强化网络安全策略，集中化的网络安全管理，允许网络管理员定义一个中心点来防止非法用户进入内部网络。

② 很方便地监视网络的安全性并报警，从而实现记录和统计网络访问活动。

③ 作为部署网络地址变换（NAT）的地点，利用网络地址变换技术，将有限的 IP 地址动态或静态地与内部的 IP 地址对应起来，用来缓解地址空间短缺的问题。

④ 审计和记录网络使用费用的一个最佳地点。网络管理员可以在此向管理部门提供网络连接的费用情况，查出潜在的带宽瓶颈位置，并能够依据本机构的核算模式提供部门级的计费。

⑤ 限制暴露用户点，控制对特殊站点的访问。

五、防火墙的局限性

虽然网络防火墙在网络安全中起着不可替代的作用，但它不是万能的，有其自身的弱点，主要表现在以下几个方面。

1. 防火墙不能防备病毒

虽然防火墙扫描所有通过的信息，但扫描多半是针对源与目标地址以及端口号，而并非数据细节，有太多类型的病毒和太多种方法可使病毒在数据中隐藏，防火墙在病毒的防范上是不适用的。

2. 防火墙对不通过它的连接无能为力

虽然防火墙能有效地控制所有通过它的信息，但它对从网络后门及调制解调器接入的访问则无能为力。

3. 防火墙不能防备内部人员的攻击

目前防火墙只提供对外部网络用户攻击的防护，对来自内部网络用户的攻击只能依靠内部网络主机系统的安全性。因此，如果入侵者来自防火墙的内部，防火墙则无能为力。

4. 限制有用的网络服务

防火墙为了提高被保护网络的安全性，限制或关闭了很多有用但存在安全缺陷的网络服务。多数网络服务由于在设计之初根本没有考虑安全性，所以都存在安全问题。防火墙限制这些网络服务等于从一个极端走向了另一个极端。

5. 防火墙不能防备新的网络安全问题

防火墙是一种被动式的防护手段，只能对现在已知的网络威胁起作用。随着网络攻击手段的不断更新和新的网络应用的出现，不可能靠一次性的防火墙设置来解决永远的网络安全问题。

第二节 防火墙的体系结构及关键技术

防火墙可以被设置成许多不同的结构，并提供不同级别的安全，而维护运行的费用也不同。各种组织机构应该根据不同的风险评估来确定不同的防火墙类型。下面将讨论一些典型的防火墙的体系结构，这对于在实践中，根据自身的网络环境和安全需求建立一个合适的防火墙结构将会有所帮助。按体系结构，可以把防火墙分为双宿主堡垒主机体系结构、屏蔽主机体系结构、屏蔽子网体系结构等。按技术的实现，可以把防火墙分为包过滤防火墙、代理防火墙、全状态检查防火墙及混合型防火墙。

在介绍之前，我们先了解几个相关的基本概念。

①堡垒主机。高度暴露于互联网并且是网络中最容易受到侵害的主机。它是防火墙体系的大无畏者，把敌人的火力吸引到自己身上，从而达到保护其他主机的目的。堡垒主机的设计思想是检测点原则，把整个网络的安全问题集中在某个主机上解决，从而省时省力，不用考虑其他主机的安全。堡垒主机必须有严格的安防系统，因其最容易遭到攻击。

②屏蔽主机。被放置到屏蔽路由器后面网络上的主机称为屏蔽主机，该主机能被访问的程度取决于路由器的屏蔽规则。

③屏蔽子网。位于屏蔽路由器后面的子网称为屏蔽子网，子网能被访问的程度取决于路由器的屏蔽规则。

一、双宿主堡垒主机体系结构

双宿主堡垒主机体系结构是围绕着至少具有两块网卡的双宿主主机而构成的。在堡垒主机上插入两块网卡，由堡垒主机充当内部网与互联网之间的网关，并在其上运行应用代理服务器软件，这样，所保护的内部网与互联网

第五章 计算机网络防火墙技术

之间不能直接建立连接，必须通过堡垒主机才能通信。外部用户只能看到堡垒主机，而看不到内部网。内部网的所有开放服务必须通过堡垒主机上的代理服务软件来实施。

IP 数据包从一个网络（如互联网）并不是直接发送到其他网络（如内部的、被保护的网络）。

防火墙内部的系统能与双重宿主主机通信，同时防火墙外部的系统（在互联网上）能与双重宿主主机通信，但是这些系统不能直接互相通信。它们之间的 IP 通信被完全阻止。堡垒主机相当于一个应用级或链路级防火墙，其存在的主要问题是一旦失效，堡垒主机就变成了丧失路由功能的路由器，有经验的入侵者可以恢复它的路由功能，从而实施入侵。

二、屏蔽主机体系结构

双宿主堡垒主机体系结构提供来自多个网络相连的主机的服务（但路由关闭），屏蔽主机体系结构使用一个单独的路由器提供来自仅仅与内部网络相连的主机的服务。在这种体系结构中，主要的安全由数据包过滤提供（例如，数据包过滤用于防止人们绕过代理服务器直接相连）。常见的屏蔽主机主要包括单地址堡垒主机和双地址堡垒主机。

在屏蔽的路由器上的数据包过滤是按这样一种方法设置的：堡垒主机是互联网上的主机能连接到内部网络的桥梁（例如，传送进来的电子邮件）。即使这样，也仅有某些确定类型的连接被允许。任何外部的系统试图访问内部的系统或者服务将必须连接到这台堡垒主机上。因此，堡垒主机需要拥有高等级的安全设置。

数据包过滤也允许堡垒主机开放可允许的连接（什么是"可允许"将由用户站点的安全策略决定）到外部世界。

在屏蔽的路由器中数据包过滤配置可以按下列之一执行：

①允许其他的内部主机为了某些服务与互联网上的主机连接（允许那些已经由数据包过滤的服务）；

②不允许来自内部主机的所有连接（强迫那些主机经由堡垒主机使用代理服务）。

用户可以针对不同的服务混合使用这些手段。某些服务可以被允许直接经由数据包过滤，而其他服务可以被允许仅仅间接地经过代理，这完全取决于用户实行的安全策略。

因为这种体系结构允许数据包从互联网向内部网移动，所以它的设计比没有外部数据流量的双宿主主机体系结构似乎更冒险。实际上双宿主主机体系结构防备数据包从外部网络穿过内部网络也容易失败（因为这种失败类型是完全出乎预料的，不大可能防备黑客侵袭）。进而言之，保卫路由器比保卫主机较易实现，因为它提供非常有限的服务组。多数情况下，屏蔽主机体系结构比双宿主主机体系结构具有更好的安全性和可用性。

三、屏蔽子网体系结构

在屏蔽子网体系结构中，添加额外的安全层到屏蔽主机体系结构中，即通过添加周边网络更进一步把内部网络和外部网络隔离开。

屏蔽子网采用了两个包过滤路由器和一个堡垒主机，由于使用了内、外两个包过滤路由器，形成了一个子网态势。子网在内外网之间形成一个"屏蔽隔离带"。从原理上讲，屏蔽子网体系结构可以连接多个子网。两个路由器都与子网连接，一个位于子网与内部网之间，一个位于子网与外部网之间；内外路由器加应用网关形成三层防护，入侵者必须通过两个路由器才能接触到内部网，即使堡垒主机被入侵者控制，内部网仍受到内部包过滤路由器的保护。

屏蔽子网可以解决安装防火墙后外部网络不能访问内部网络服务器的问题。在这个小网络区域内可以放置一些必须公开的服务器设施，如企业 Web 服务器、FTP 服务器和论坛等。另外，通过这样一个屏蔽隔离带区域，使入侵者看不到内部网络的信息流，更加有效地保护了内部网络。

（一）屏蔽子网体系结构的功能特点

1. 周边网络

周边网络是另一个安全层，是在外部网络与被保护的内部网络之间的附加网络。如果入侵者成功地侵入用户的防火墙的外层领域，周边网络可在该入侵者与用户的内部系统之间提供一个附加的保护层。

在许多网络结构中，用给定网络上的任何机器来查看这个网络上的每一台机器的通信是可能的，如以太网、令牌环和 FDDI。入侵者可以监听 Telnet、FTP 以及 Rlogin 会话期间使用过的口令，偷看敏感信息等，入侵者能完全监视何人在使用网络。

对于周边网络，如果入侵者侵入周边网络上的堡垒主机，他也仅能探听到周边网络上的通信，内部网络的通信仍是安全的。

2. 堡垒主机

在屏蔽子网体系结构中，堡垒主机是外部网络服务于内部网络的主节点，是内部网络的第二道安全防线。它为内部网络服务的主要功能有：

①它接收外来的电子邮件再分发给相应的站点；
②它接收外来的FTP，并连到内部网的匿名FTP服务器；
③它接收外来的有关内部网站点的域名服务。

从内部的客户端到在互联网上的服务器的出站服务按如下任一种方法处理：在外部和内部的路由器上设置数据包过滤来允许内部的客户端直接访问外部的服务器；设置代理服务器在堡垒主机上运行来允许内部的客户端间接地访问外部的服务器。用户也可以设置数据包过滤来允许内部的客户端在堡垒主机上同代理服务器交谈，反之亦然。但是禁止内部的客户端与外部世界之间直接通信（拨号入网方式）。

3. 内部路由器

内部路由器有时被称为阻塞路由器。内部路由器是内部网络的第三道安全防线（前面有了外部路由器和堡垒主机），当外部路由器失效的时候，它保护内部的网络使之免受互联网和周边网络的侵犯。

内部路由器完成防火墙的大部分包过滤工作，它允许某些站点的包过滤系统认为符合安全规则的服务在内、外部网络之间互传。根据各站点的需要和安全规则，可允许的服务是以下这些外向服务中的若干种，如Telnet、FTP、WAIS、Archie、Gopher或者其他服务。

内部路由器所允许的在堡垒主机和用户的内部网络之间服务，可以不同于内部路由器所允许的在互联网和用户的内部网络之间的服务。限制堡垒主机和内部网络之间服务的理由是为了减少堡垒主机被攻破时对内部网的危害。

4. 外部路由器

作为阻挡入侵者的第一道安全防线，外部路由器有时被称为访问路由器，它保护周边网络和内部网络使之免受来自互联网的侵犯。实际上，外部路由器倾向于允许几乎任何东西从周边网络出站，并且它们通常只执行非常少的数据包过滤。保护内部机器的数据包过滤规则在内部路由器和外部路由器上基本上是一样的，如果在规则中有允许侵袭者访问的错误，错误就可能出现在两个路由器上。

外部路由器的包过滤主要对参数网络上的主机提供保护。然而，一般情况下，因为参数网络上主机的安全主要通过主机安全机制加以保障，所以由外部路由器提供的很多保护并非必要。

一般情况下，外部路由器由外部群组提供（如用户的互联网供应商），同时用户对它的访问被限制。外部群组可能愿意放入一些通用型数据包过滤规则来维护路由器,但是不愿意使用维护复杂或者频繁变化的规则组。

外部路由器能有效地执行的安全任务之一是阻止从互联网上伪造源地址进来的任何数据包。这样的数据包自称来自内部网络,但实际上是来自互联网的。

(二)建造防火墙的技术和要求的选择

建造防火墙时,一般很少采用单一的技术,通常为解决不同问题而采用多种技术组合。这种组合主要取决于网管中心向用户提供什么样的服务,以及网管中心能接受什么等级风险。采用哪种技术主要取决于经费、技术、时间等因素。建造防火墙一般有以下几种形式:

①使用多堡垒主机;
②合并内部路由器与外部路由器;
③合并堡垒主机与外部路由器;
④合并堡垒主机与内部路由器;
⑤使用多台内部路由器;
⑥使用多台外部路由器;
⑦使用多个周边网络;
⑧使用双宿主主机与屏蔽子网。

通常建立防火墙的目的在于保护内部网络免受外部网络的侵扰,但内部网络中每个用户所需要的服务和信息经常是不一样的,它们对于安全保障的要求也不一样。例如,财务部分与其他部分分开,人事档案部分与办公管理分开等。我们还需要对内部网的部分站点再加以保护,以免受内部的其他站点的侵袭,即在同一结构的两个部分之间,或者在同一内部网的两个不同组织结构之间再建立防火墙,也就是内部防火墙。许多用于建立外部防火墙的工具与技术也可用于建立内部防火墙。

在屏蔽子网体系结构中,用户把堡垒主机连接到周边网络,这台主机便是接受来自外界连接的主要入口。例如:对于进来的电子邮件(SMTP)会话,传送电子邮件到站点;对于进来的FTP连接,转接到站点的匿名FTP服务器;对于进来的域名服务(DNS),站点查询;等等。

向外的服务功能可用以下方法来实施:在内、外部路由器上建立包过滤,以便内部网络用户可直接操作外部服务器或者在主机上建立代理服务,在内部网络用户与外部服务器之间建立间接的连接。

内部路由器为用户的防火墙执行大部分的数据包过滤工作。它允许从内部网络到互联网的有选择的出站服务。

四、其他防火墙体系结构

下面介绍的结构是上面介绍的结构的一些变体，但同样也要用到过滤路由器和堡垒主机。

（一）多宿主机防火墙

多宿主机拥有多个网络接口，每一个接口连在物理和逻辑上都分离的不同网段上。每个不同的网络接口分别连接不同的子网，不同子网之间的相互访问实施不同的访问控制策略。

多宿主机网关用一台装有多块网卡的堡垒主机做防火墙。多宿主机的多块网卡分别与受保护的内部子网及互联网连接，起着监视和隔离应用层信息流的作用，彻底隔离了所有的内部主机与外部主机的可能连接。采用主机取代路由器执行安全控制功能，类似于包过滤防火墙，多宿主机可以在内部网络和外部网络之间进行寻径。

双宿主机的最大特点是 IP 层的通信被阻止，多个网络之间的通信可通过应用层数据共享或应用层代理服务来完成，而不能直接通信。使用多宿主机作为防火墙，防火墙本身的安全性至关重要。现在出现的新型多宿主机防火墙没有 IP 地址，被称为透明防火墙。透明防火墙自身的安全性比较高，因为在没有 IP 地址的情况下，黑客是很难对防火墙进行攻击的。

对于非透明防火墙，其自身的安全性应注意以下几个方面。

首先，禁止网络层的路由功能，否则数据包就会绕过代理，防火墙也就失效了。

其次，多宿主机应具有强大的身份认证系统，这样才可以阻挡来自外部不可信网络的非法登录。对防火墙自身的访问要么通过控制台，要么通过远程访问。通过控制台方式访问防火墙很难做到友好的界面。因此，现在的防火墙大多是通过控制台设置一些简单的参数，其他安全设置主要通过专用的程序或通过 Web 方式来设置。为了保证防火墙的安全性，建议在双宿主机防火墙上增加一个网络接口，设置只有通过第三个网络接口才能访问防火墙。

最后，多宿主机防火墙还应尽量减少一些不必要的服务，任何一种服务都会存在被入侵的可能。此外，还要删除一些不必要的协议，最好只保留 TCP/IP 协议。

（二）复合型防火墙

复合型防火墙是综合了状态检测与透明代理的新一代防火墙，它基于 ASIC 架构进一步把防病毒、内容过滤整合到防火墙中，其中还包括 VPN、

IDS 功能，多单元融为一体，是一种新的突破。常规的防火墙并不能防止隐蔽在网络流量里的攻击。在网络界面对应用层扫描，把防病毒、内容过滤与防火墙结合起来，这体现了网络与信息安全的新思路。它在网络边界实施对 OSI 网络参考模型第七层的内容扫描，实现了实时在网络边缘部署病毒防护、内容过滤等应用层服务措施的目的。

五、防火墙关键技术

防火墙所用的主要技术有包过滤技术、代理服务技术、状态检测技术和自适应代理技术等。

（一）包过滤技术

1. 基本概念

包过滤技术是最早、最基本的访问控制技术，又称报文过滤技术。其作用是执行边界访问控制功能，即对网络通信数据进行过滤（也称筛选）。其工作对象是数据包。对 TCP/IP 协议族来说，包过滤技术主要对其数据包包头的各个字段进行操作，通常它只包括对源 IP 地址和目的 IP 地址及端口的检查。同时，在实际应用中，包过滤防火墙通常表现为一个具有包过滤功能的路由器，由于路由器工作在网络层，因此包过滤型防火墙又叫网络层防火墙。

包过滤型防火墙工作在 OSI 网络参考模型的网络层和传输层，它根据数据包包头的源地址、目的地址、端口号和协议类型等标志确定是否允许该数据包通过。只有满足过滤条件的数据包才被转发到相应的目的地，其余数据包则被丢弃。

2. 包过滤型防火墙的工作原理

包过滤型防火墙往往可以用一台过滤路由器来实现，对所接收的每个数据包做允许或拒绝的决定。路由器审查每个数据包以便确定其是否与某一条包过滤规则匹配。包过滤规则基于可以提供给 IP 转发过程的包头信息。

包头信息中包括 IP 源地址、IP 目标地址、协议类型（TCP、UDP、ICMP 或 IP Tunnel）、TCP/UDP 目标端口、ICMP 消息类型和 TCP 包头中的 ACK 位。包的进入接口和移出接口如果有匹配，并且规则允许该数据包通过，那么该数据包就会按照路由表中的信息被转发；如果有匹配并且规则拒绝该数据包，那么该数据包就会被丢弃；如果没有匹配规则，用户配置的默认参数会决定是转发还是丢弃该数据包。

包过滤路由器使得路由器能够根据特定的服务允许或拒绝流动的数据，

因为多数的服务接收者都在已知的 TCP/UDP 端口号上。例如，Telnet 服务器在 TCP 的 23 号端口上监听远端连接，而 SMTP 服务器在 TCP 的 25 号端口上监听连接。为了阻塞所有进入的 Telnet 连接，路由器只需简单地丢弃所有 TCP 端口号等于 23 的数据包即可。为了将进来的 Telnet 连接限制到内部的数台机器上，路由器必须拒绝所有 TCP 端口号等于 23，并且目标 IP 地址不等于允许主机的 IP 地址的数据包。

3. 安全过滤规则及过滤原则

包过滤防火墙在其工作过程中所使用的规则要进行排序。依次序运用每个规则对包进行检查，如遇一个规则匹配，则检查停止。如与所有的规则不匹配，则该包被禁止通过，这里，采用了"一切未被允许的都是禁止的"过滤原则，根据该原则，防火墙应封锁所有的信息流，然后逐项开放无害的服务；也可以采用"一切未被禁止的都是允许的"过滤原则，根据该原则，防火墙应转发所有的信息流，然后逐项屏蔽可能有害的服务，虽灵活但安全性不如前者。

在配置包过滤路由器时，我们首先要确定哪些服务允许通过而哪些服务应被拒绝，并将这些规定转换成有关的包过滤规则。这时要注意几个非常重要的概念。

①协议的双向性。协议总是双向的，协议包括一方发送一个请求而另一方返回一个应答。在制定包过滤规则时，要注意包是从两个方向来到路由器的。

②"往内"与"往外"的含义。在我们制定包过滤规则时，必须准确理解"往内"与"往外"的包和"往内"与"往外"的服务这几个词的语义。

4. 包过滤技术中的过滤对象分析

（1）针对 IP 协议的过滤

针对 IP 协议的过滤操作将查看每个 IP 数据包的包头，将包头数据与规则集相比较，转发规则集允许的数据包，拒绝规则集不允许的数据包。针对 IP 协议的过滤操作可以设定对源 IP 地址进行过滤。对于包过滤技术来说，有效的办法是只允许受信任的主机访问网络资源而拒绝一切不可信的主机的访问。针对 IP 协议的过滤操作也可以设定对目的 IP 地址进行过滤。这种安全过滤规则的设定多用于保护目的主机或网络。

针对 IP 协议的过滤操作还要注意 IP 数据包的分片问题。攻击者可以利用分片技术构造特殊的数据包对网络展开攻击，对此应该设定包过滤器阻止任何分片数据包或者在防火墙处重组分片数据包的安全策略。后一种策略存在着防火墙资源被大量不完全的数据包片段耗尽的危险，需要进行精心设置。

（2）针对 ICMP 协议的过滤

ICMP 协议在完成网络控制与管理操作的同时也会泄露网络中的一些重要信息，甚至会被攻击者利用做攻击用户网络的武器。很多攻击者会将大量的 ICMP 协议报文发往用户网络，使得目标主机疲于接收处理这些垃圾数据而不能提供正常的服务，而最终造成目标主机的崩溃。攻击者可利用路由重定向 ICMP 协议报文，采用中间人攻击的办法，伪装成预期的接收者截获或篡改正常的数据包，也可以将数据包导向受其控制的未知网络。

（3）针对 TCP 协议的过滤

针对 TCP 协议的过滤，一是可设定对源或目的端口的过滤，又称端口过滤、协议过滤，只要针对服务使用的知名端口号进行规则的设置，就可以实现对特定服务的控制；二是对标志位过滤，最常用的就是针对 SYN 和 ACK 的过滤。

在 TCP 协议的连接建立过程中，报文头部的一些标志位的变化是需要注意的。当连接发起者发出连接请求时，请求报文 SYN 位为 1 而包括 ACK 位在内的其他标志位为 0。该报文携带发起者自行选择的一个通信初始序号。若接收者接受该请求，则返回连接应答报文。该报文的 SYN 位和 ACK 位为 1。该报文不但携带对发起者通信初始序号的确认（加 1），而且携带接收者自行选择的另一个通信初始序号。若接收者拒绝该请求，则返回报文 RST 位要置 1。连接发起者还需要对接收者自行选择的通信初始序号进行确认，返回该值加 1 作为希望接收的下一个报文的序号。同时 ACK 位置 1。除了在连接请求的过程中外，其他时候 SYN 位始终为 0。

结合三次握手的过程，只要通过对 SYN=1 的报文进行操作，就可实现对连接会话的控制。拒绝这类报文，就相当于阻断了通信连接的建立。这就是利用 TCP 协议标志位进行过滤规则设定的基本原理。

（4）针对 UDP 协议的过滤

UDP 协议与 TCP 协议有很大的不同，因为它们采用的是不同的服务策略。TCP 协议是面向连接的，相邻报文之间具有明显的关系，数据流内部也具有较强的相关性，因此过滤规则的制定比较容易，而 UDP 协议是基于无连接的服务的，一个 UDP 用户数据报文中携带了到达目的地所需的全部信息，不需要返回任何的确认，报文之间的关系很难确定，因此很难制定相应的过滤规则。究其根本原因是静态包过滤技术只针对包本身进行操作而不记录通信过程的上下文，也就无法从独立的 UDP 用户数据报文中得到必要的信息。对于

UDP 协议，要么阻塞某个端口，要么听之任之。多数人倾向于前一种方案，除非有很大的压力要求允许进行 UDP 传输。其实有效的解决办法是采用动态包过滤技术/状态检测技术。

（二）代理服务技术

1. 基本概念

代理服务是运行在防火墙主机上的一些特定的应用程序或者服务器程序。它是基于软件的，与过滤数据包的防火墙、以路由器为基础的防火墙的工作方式稍有不同。

代理服务具有网络地址转换（NAT）的功能，网络地址转换对所有内部地址做转换，使外部网络无法了解内部网络的内部结构，同时使用网络地址转换的网络，与外部网络的连接只能由内部网络发起，极大地提高了内部网络的安全性。网络地址转换的另一个用途是解决 IP 地址匮乏问题。防火墙利用网络地址转换技术，不同的内部主机向外连接时可以使用相同的 IP 地址，而内部网络中的计算机互相通信时则使用内部 IP 地址。两个 IP 地址不会发生冲突，内部网络对外部网络来说是透明的，防火墙能详尽记录每一个主机的通信，确保每个分组送往正确的地址。

2. 代理服务的执行

在代理防火墙的工作过程中，其"代理服务的执行"分为两种情况。

一种情况是代理服务器监听来自内部网络的服务请求。当请求到达代理服务器时按照安全策略对数据包中的首部和数据部分信息进行检查。通过检查后，代理服务器将请求的源地址改成自己的地址后再转发到外部网络的目标主机上。外部主机收到的请求将显示为来自代理服务器而不是内部源主机。代理服务器在收到外部主机的应答时，首先要按照安全策略检查包的首部和数据部分的内容是否符合安全要求，通过检查后，代理服务器将数据包的目的地址改为内部源主机的 IP 地址，然后将应答数据转发至该内部源主机。

另外一种情况是内部主机只接收代理服务器转发的信息而不接收任何外部地址主机发来的信息。这个时候外部主机只能将信息发送至代理服务器，由代理服务器转发至内部网络，相当于代理服务器对外部网络执行代理操作。具体来说，所有发往内部网络的数据包都要经过代理服务器的安全检查，通过后将源 IP 地址改为代理服务器的 1P 地址，然后这些数据包才能被代理服务器转发至内部网络中的目标主机。代理服务器负责监控整个通信过程以保证通信过程的安全。

3. 代理代码

代理服务技术是通过在代理服务器上安装特殊的代理代码来实现的。对于不同的应用层服务需要有不同的代理代码。防火墙管理员可以通过配置不同的代理代码来控制代理服务器提供的代理服务种类。代理程序的实现可以只有服务器端代码,也可以同时拥有服务器端和客户端代码。服务器端代理代码的部署一般需要特定的软件。对于客户端代理代码的部署有两种方式:①在用户主机上安装特制的客户端代理服务程序,该软件将通过与特定的服务器端代理程序相连接为用户提供网络访问服务;②重新设置用户的网络访问过程,需要客户先以标准的网络访问方式登录到代理服务器上,再由代理服务器与目标服务器相连。

4. 代理服务器的部署和实现

代理服务器通常安装在堡垒主机或者双宿主网关上,如果将代理服务器程序安装在堡垒主机上,则可能采取不同的部署与实现结构。例如,采用屏蔽主机或者屏蔽子网方案,将堡垒主机置于过滤路由器之后。这样堡垒主机还可以获得过滤路由器提供的额外保护。缺点是如果过滤路由器被攻陷,则数据将由旁路通过安装代理服务器程序的堡垒主机,即代理服务器将不起作用。

5. 代理服务技术的具体作用

(1)隐藏内部主机

代理服务器的作用之一是隐藏内部网络中的主机。由于有代理服务器的存在,所以外部主机无法直接连接到内部主机。它只能看到代理服务器,因此只能连接到代理服务器上。这种特性是十分重要的,因为外部用户无法进行针对内部网络的探测,也就无法对内部网络上的主机发起攻击。代理服务器在应用层对数据包进行更改,以自己的身份向目的地重新发出请求,彻底改变了数据包的访问特性。

(2)过滤内容

在应用层进行检查的另一个重要的作用是可以扫描数据包的内容。这些内容可能包含敏感的或者被严格禁止流出用户网络的信息,以及一些容易引起安全威胁的数据。容易引起安全威胁的数据包括不安全的 Java Applet 小程序、Active X 控件以及电子邮件中的附件等,而这些内容是包过滤技术无法控制的。支持内容的扫描是代理服务技术与其他安全技术的一个重要区别。

(3)提高系统性能

虽然从访问控制的角度考虑，代理服务器因为执行了很细致的过滤功能而加大了网络访问的延迟。但是它身处网络服务的最高层，可以综合利用缓存等多种手段优化对网络的访问，由此还进一步减少了因为网络访问产生的系统负载。因此，精心配置的代理服务技术可以提高系统的整体性能。

（4）保障安全

安全性的保障不仅指过滤功能的强大，还包括对过往数据日志的详细分析和审计。这是因为从这些数据中能够发现过滤功能难以发现的攻击行为序列，可以及时提醒管理人员采取必要的安全保护措施，还可以对网络访问量进行统计进而优化网络访问的规则，为用户提供更好的服务。代理服务技术处于网络协议的最高层，可以为日志的分析和审计提供最详尽的信息，由此提高了网络的安全性。

（5）阻断URL

在代理服务器上可以实现针对特定网址及其服务器的阻断，以实现阻止内部用户浏览不符合组织或机构安全策略的网站内容。

（6）保护电子邮件

电子邮件系统是互联网最重要的信息交互系统之一，但是其开放性特点使得它非常脆弱，而且由于安全性较弱，所以它经常被攻击者作为网络攻击的重要途径。代理服务器可以实现对重要的内部邮件服务器的保护。通过邮件代理对邮件信息的重组与转发，使得内部邮件服务器不与外部网络发生直接的联系，从而达到保护电子邮件系统的目的。

（7）身份认证

代理服务技术能够实现包过滤技术无法实现的身份认证功能。将身份认证技术融合进安全过滤功能中能够大幅度提高用户的安全性。支持身份认证技术是现代防火墙的一个重要特征。具体的方式有传统的用户账号/口令、基于密码技术的挑战/响应等。

（8）信息重定向

代理服务技术从本质上讲是一种信息的重定向技术。这是因为它可以根据用户网络的安全需要改变数据包的源或目的地址，将数据包导引到符合系统需要的地方去。这在基于HTTP协议的WWW服务器应用领域中尤为重要。在这种环境下，代理服务器起负载分配器和负载平衡器的作用。

（三）状态检测技术

状态检测技术根据连接的"状态"进行检查。当一个连接的初始数据报文到达执行状态检测的防火墙时，首先要检查该报文是否符合安全过滤规则的规定。如果该报文与规定相符合，则将该连接的信息记录下来并自动添加一条允许该连接通过的过滤规则，然后向目的地转发该报文。以后凡是属于该连接的数据防火墙一律予以放行，包括从内向外的和从外向内的双向数据流。在通信结束、释放该连接以后，防火墙将自动删除关于该连接的过滤规则。动态过滤规则存储在连接状态表中并由防火墙维护。为了更好地为用户提供网络服务以及更精确地执行安全过滤，状态检测技术往往需要察看网络层和应用层的信息，但主要还是在传输层上工作。

1. 基本概念

"状态"是特定会话在不同传输阶段所表现出来的形式和状况。防火墙通常可以依据数据包的源地址、源端口号、目的地址、目的端口号、使用协议五元组来确定一个会话，但这些对于状态检测防火墙来说还不够。除记录上述信息外，还需进一步记录该会话当前的状态属性、顺序号、应答标记、防火墙的执行动作及最近数据报文的寿命等信息。

2. TCP 及其状态

TCP 协议是一个面向连接的协议，对于通信过程各个阶段的状态都有很明确的定义，这些状态可以通过 TCP 协议的标志位进行跟踪。

TCP 协议共有 11 个状态，这些状态标志由《传输控制协议》（RFC: 793）定义，下面就是 TCP 的典型状态说明：

① CLOSED：连接开始前的状态；

② LISTEN：等待连接请求的状态；

③ SYN-SENT：发出 SYN 报文后等待返回响应的状态；

④ SYN-RECEIVED：收到 SYN 报文并返回 SYN-ACK 响应后的状态；

⑤ ESTABLISHED：连接建立后的状态，即发送方收到 SYN-ACK 后的状态，连接方在收到 3 次握手过程中最后的 ACK 报文后的状态；

⑥ FIN-WAIT-1：关闭连接发起者发送初始 FIN 报文后的状态；

⑦ CLOSE-WAIT：关闭连接接收者收到初始 FIN 并返回 ACK 响应后的状态；

⑧ FIN-WAIT-2：关闭连接发起者收到初始 FIN 报文的 ACK 响应后的状态；

⑨ LAST-ACK：关闭连接接收者将最后的 FIN 报文发送给关闭连接发起者后的状态；

⑩ TIME-WAIT：关闭连接发起者收到最后的 FIN 报文并返回 ACK 响应后的状态；

⑪ CLOSING：采用非标准同步方式关闭连接时，在收到初始 FIN 报文

并返回 ACK 响应后，通信双方进入 CLOSING 状态，在收到对方返回的 FIN 报文的 ACK 响应后，通信双方进入 TIME-WAIT 状态。

以上述状态为基础，结合相应的标志位信息，再加上通信双方的 IP 地址和端口号，即可很容易地建立 TCP 协议的状态连接表项并进行精确地跟踪监控。当 TCP 连接结束后，应从状态连接表中删除相关表项。为了防止无效表项长期存在于连接状态表中给攻击者提供进行重放攻击的机会，可以将连接建立阶段的超时参数设置得较短，而连接维持阶段的超时参数设置得较长，最后连接释放阶段的超时参数也要设置得较短。

3.UDP 及其状态

UDP 协议与 TCP 协议有很大的不同，它是一种无连接的协议，其状态很难进行定义和跟踪。通常的做法是将某个基于 UDP 协议的会话的所有数据报文看作一条 UDP 连接，并在这个连接的基础之上定义该会话的伪状态信息。伪状态信息主要由源 IP 地址、目的 IP 地址、源端口号以及目的端口号构成。双向的数据流源信息和目的信息正好相反。由于 UDP 协议是无连接的，所以无法定义连接的结束状态，只能设定一个不长的超时参数，在超时到来的时候从状态连接表中删除该 UDP 连接信息，此外，UDP 协议对于通信中的错误无法进行处理，需要通过 ICMP 协议报文传递差错控制信息。这就要求状态检测机制必须能够从 ICMP 报文中提取通信地址和端口等信息来确定它与 UDP 连接的关联性，判断它到底属于哪一个 UDP 连接，然后再采取相应的过滤措施。这种 ICMP 报文的状态属性通常被定义为 RELATED。

4.ICMP 及其状态

ICMP 协议是无连接的协议，并具有单向性的特点。在 ICMP 协议的 13 种类型中，有 4 对类型的报文具有对称的特性，即属于请求/响应的形式。这 4 对类型的 ICMP 报文分别是回送请求/回送应答、信息请求/信息应答、时间戳请求/时间戳回复和地址掩码请求/地址掩码回复。其他类型的报文都不是对称的，而是由主机或节点设备直接发出的，无法预先确定报文的发出时间和地点。因此，ICMP 协议的状态和连接的定义要比 UDP 协议更难。

ICMP 协议的状态和连接的建立、维护和删除与 UDP 协议类似，但是在建立的过程中不是简单地只通过 IP 地址来判别连接属性的。ICMP 协议的状态和连接需要考虑 ICMP 报文的类型和代码字段的含义，甚至还要提取 ICMP 报文的内容来决定其到底与哪一个已有连接相关。其维护和删除过程，既可以通过设定超时计时器来完成，也可以按照部分类型的 ICMP 报文的对称性来完成。当属于同一连接的 ICMP 报文完成请求—应答过程后，即可将其从状态连接表中删除。

5. 深度状态检测技术

深度状态检测技术能够很好地实现对 TCP 协议的顺序号进行检测的功能，通过对 TCP 报文的顺序号字段的跟踪监测报文的变化，防止攻击者利用已经处理的报文的顺序号进行重放攻击。

对于 FTP 协议，深度状态检测技术可以深入报文的应用层部分来获取 FTP 协议的命令参数，从而进行状态规则的配置。其中最主要的是 FTP 协议连接端口的选择具有随机的特点。深度状态检测技术可以分析应用层的命令数据，找出其中的端口号等信息，从而精确地决定打开哪些端口。

与 FTP 协议类似的协议有很多，如 RTSP、H.323 等。深度状态检测技术可以对它们的应用层数据进行分析，来决定相关的转发端口等信息，因此具有部分的应用层信息过滤功能。

（四）自适应代理技术

新型的自适应代理（Adaptive Proxy）防火墙，本质上也属于代理服务技术，但它也结合了动态包过滤（状态检测）技术。

自适应代理技术是在商业应用防火墙中实现的一种革命性的技术。组成这类防火墙的基本要素有两个，即自适应代理服务器与动态包过滤器。它结合了代理服务防火墙的安全性和包过滤防火墙的高速度等优点，在保证安全性的基础上将代理服务器防火墙的性能提高 10 倍以上。

自适应代理与动态包过滤器之间存在一个控制通道。在对防火墙进行配置时，用户仅将所需要的服务类型、安全级别等信息通过相应代理的管理界面进行设置就可以了。然后，自适应代理就可以根据用户的配置信息，决定是使用代理服务器从应用层代理请求，还是使用动态包过滤器从网络层转发包。如果是后者，它将动态地通知包过滤器增减过滤规则，满足用户对速度和安全性的双重要求。

第三节　防火墙技术的发展

传统的防火墙通常是基于访问控制列表（ACL）进行包过滤的，位于内部专用网的入口处，所以俗称边界防火墙。随着防火墙技术的发展，出现了一些新的防火墙技术，如电路级网关技术、应用网关技术和动态包过滤技术。在实际运用中，这些技术差别非常大，有的工作在 OSI 网络参考模型的网络层，有的工作在传输层，还有的工作在应用层。

在这些已出现的防火墙技术中，静态包过滤是最差的安全解决方案，其应用存在着一些不可克服的限制，最明显的表现就是不能检测出基于用户身份的地址欺骗型数据包，并且很容易受到诸如 DoS（拒绝服务）、IP 地址欺诈等黑客攻击。现在已基本上没有防火墙厂商单独使用这种技术了。应用层网关和电路级网关是比较好的安全解决方案，它们在应用层检查数据包。但是，我们不可能对每一个应用都运行这样一个代理服务器，而且部分应用网关技术还要求客户端安装特殊的软件。这两种解决方案在性能上也有很大的不足之处。动态包过滤是基于连接状态对数据包进行检查，由于动态包过滤解决了静态包过滤的安全限制，并且比代理服务技术在性能上有了很大的改善，因而目前大多数防火墙厂商都采用这种技术。但是随着主动攻击的增多，动态包过滤技术也面临着巨大的挑战，更需要其他新技术的辅助。除了访问控制功能外，现在大多数的防火墙厂商在自己的设备上还集成了其他的安全技术，如 NAT 和 VPN、病毒防护等。

随着新形式的网络攻击的出现，防火墙技术也有一些新的发展趋势。这主要体现在包过滤技术、防火墙体系结构和防火墙系统管理三个方面。

一、防火墙包过滤技术发展趋势

1. 使防火墙具有安全策略功能

一些防火墙厂商把在 AAA 系统上运用的用户认证及其服务扩展到防火墙中，使其拥有可以支持基于用户角色的安全策略功能。该功能在无线网络应用中非常必要。具有用户身份验证的防火墙通常是采用应用级网关技术的，包过滤技术的防火墙不具备。用户身份验证功能越强，它的安全级别越高，但它给网络通信带来的负面影响也越大，因为用户身份验证需要时间，特别是加密型的用户身份验证。

2. 多级过滤技术

多级过滤技术指防火墙采用多级过滤措施，并辅以鉴别手段。在分组过滤（网络层）一级，过滤掉所有的源路由分组和假冒的 IP 源地址；在传输层一级，遵循过滤规则，过滤掉所有禁止出或（和）入的协议和有害数据包，如 nuke 包、圣诞树包等；在应用网关（应用层）一级，能利用 FTP、SMTP 等各种网关，控制和监测互联网提供的所用通用服务。这是针对以上各种已有防火墙技术的不足而产生的一种综合型过滤技术，它可以弥补以上各种单独过滤技术的不足。

3. 使防火墙具有病毒防护功能

拥有病毒防护功能的防火墙，现在通常被称为"病毒防火墙"。当然这种防火墙目前主要还是在个人防火墙中应用，因为它是纯软件形式，更容易实现。这种防火墙技术可以有效地防止病毒在网络中的传播，比等待攻击的发生更加积极。拥有病毒防护功能的防火墙可以大大减少公司的损失。

二、防火墙的体系结构发展趋势

随着网络应用的增加，对网络带宽提出了更高的要求。这意味着防火墙要能够以非常高的速率处理数据。另外，在以后几年里，多媒体应用将会越来越普遍，它要求数据穿过防火墙所带来的延迟要足够小。为了满足这种需要，一些防火墙厂商开发了基于 ASIC 的防火墙和基于网络处理器的防火墙。从执行速度的角度看来，基于网络处理器的防火墙也是基于软件的解决方案，它需要在很大程度上依赖于软件的性能，但是由于这类防火墙中有一些专门用于处理数据层面任务的引擎，从而减轻了 CPU 的负担，该类防火墙的性能要比传统防火墙的性能好许多。

与基于 ASIC 的纯硬件防火墙相比，基于网络处理器的防火墙具有软件色彩，因而更加灵活。基于 ASIC 的防火墙使用专门的硬件处理网络数据流，具有更好的性能。但是纯硬件的 ASIC 防火墙缺乏可编程性，这就使得它缺乏灵活性，从而跟不上防火墙功能的快速发展。

三、防火墙管理系统的发展趋势

防火墙管理系统的发展趋势，主要体现在以下几个方面。

1. 集中式管理，分布式和分层的安全结构是趋势

集中式管理可以降低管理成本，并保证在大型网络中安全策略的一致性。快速响应和快速防御也要求采用集中式管理系统。目前这种分布式防火墙早已在思科、三康等大的网络设备开发商中开发成功，也就是目前所称的"分布式防火墙"和"嵌入式防火墙"。

2. 强大的审计功能和自动日志分析功能

这两点应用可以更早地发现潜在的威胁并预防攻击的发生。日志功能还可为管理员有效地发现系统中存的安全漏洞，及时地调整安全策略等方面管理提供非常大的帮助。不过具有这种功能的防火墙通常是比较高级的，早期的静态包过滤防火墙是不具备这种功能的。

3. 网络安全产品的系统化

随着网络安全技术的发展，现在有一种提法，叫作"建立以防火墙为核心的网络安全体系"。因为我们在现实中发现，仅现有的防火墙技术难以满足当前网络安全的需求。通过建立一个以防火墙为核心的安全体系，就可以

第五章 计算机网络防火墙技术

为内部网络系统部署多道安全防线,各种安全技术各司其职,从各方面防御外来入侵,如现在的 IDS 设备就能很好地与防火墙联合起来。

一般情况下,为了确保系统的通信性能不受安全设备的太大影响,IDS 设备不能像防火墙一样置于网络入口处,只能置于旁路位置。而在实际使用中,IDS 的任务往往不仅在于检测,很多时候在 IDS 发现入侵行为以后,也需要 IDS 本身对入侵行为及时遏止。显然,要让处于旁路侦听的 IDS 完成这个任务又太难,同时主链路又不能串接太多类似设备。在这种情况下,如果防火墙能和 IDS、病毒检测等相关安全产品联合起来,充分发挥各自的长处,协同配合,共同建立一个有效的安全防范体系,那么网络系统的安全性就能得以明显提升。

目前主要有两种解决办法:一种办法是直接把 IDS、病毒检测部分"做"到防火墙中,使防火墙具有 IDS 和病毒检测设备的功能;另一种办法是各个产品分立,通过某种通信方式形成一个整体,一旦发现安全事件,则立即通知防火墙,由防火墙完成过滤和报告。目前更看重后一种方案,因为它的实现方式比前一种容易许多。

第六章 计算机网络攻击与保护策略

第一节 计算机网络攻击概述

一、网络攻击的概念

网络攻击是对网络系统的机密性、完整性、可用性、可控性、抗抵赖性的危害行为。这些危害行为抽象来分有4个基本情形：①信息泄露攻击；②完整性破坏攻击；③拒绝服务攻击；④非法使用攻击。

网络攻击的全过程是由攻击者发起的，攻击者应用一定的攻击工具（包括攻击策略与方法），对目标网络系统进行（合法与非法的）攻击操作，达到一定的攻击效果，实现攻击者预定义的攻击意图。

（一）攻击者

攻击者分成两大类：内部人员和外部人员。根据攻击的动机与目的，可将攻击者分为以下6类：

①黑客；

②间谍；

③恐怖主义者；

④公司职员；

⑤职业犯罪分子；

⑥破坏者。

（二）攻击工具

攻击者通过一系列攻击工具，对目标网络实施攻击。常用的攻击工具有以下几种。

①用户命令：攻击者在命令行状态下或者以图形用户接口方式输入攻击命令。

②脚本或程序：利用脚本和程序挖掘弱点。

③自治主体：攻击者初始化一个程序或者程序片段，独立执行漏洞挖掘。
④电磁泄漏工具：通过 Tempest 方法实施电磁泄漏攻击。

（三）攻击访问

攻击者为了达到其攻击目的，一定要访问目标网络系统，包括合法和非法的访问。但是，攻击过程主要依赖于非法访问和使用目标网络的资源，即未授权访问或未授权使用目标系统的资源。攻击者能够进行未授权访问和使用系统资源的前提是目标网络和系统存在安全弱点，包括设计弱点、实现弱点和配置弱点。进入目标系统之后，攻击者就开始执行相关命令，如修改文件、传送数据等，实施各类不同的攻击。

（四）攻击效果

攻击效果有以下几种。
①破坏信息：删除或修改系统中存储的信息或者网络中传送的信息。
②信息泄密：窃取或公布敏感信息。
③窃取服务：未授权使用计算机或网络服务。
④拒绝服务：干扰系统和网络的正常服务，降低系统和网络性能，甚至使系统和网络崩溃。

（五）攻击意图

将攻击者的意图分为以下 6 类。
①黑客：表现自己或技术挑战。
②间谍：获取情报信息。
③恐怖主义者：获取恐怖主义集团的利益。
④内部员工：好奇、显示才干。
⑤职业犯罪分子：获取经济利益。
⑥破坏者：报复、泄愤。

二、网络攻击技术发展演变

随着网络信息技术普及与应用发展，越来越多的人能够使用和接触网络，网民可从互联网上学习攻击方法及下载黑客工具。网络信息环境受到不同类别的攻击者，如黑客、罪犯、工业间谍、普通用户、超级用户、管理员、恐怖组织等的威胁。攻击者从以前单机系统为主转变成以网络及信息运行环境为主的攻击。攻击者为了实现其目的，制定攻击策略，使用各种各样的工具组合，甚至由软件程序自动完成目标攻击。攻击方法多种多样，如通过网络侦听获取网上用户的账号和密码、利用操作系统漏洞攻击、使用某些网络服务泄漏敏感信息攻击、强力破解口令、认证协议攻击、创建网络隐蔽信道、安装特洛伊木马程序、拒绝服务攻击、分布式攻击等。归纳起来，网络攻击具有以下变化趋势。

（一）智能化、自动化网络攻击

网络攻击者利用已有攻击技术编制能够自动攻击的工具软件，网络攻击软件集成多种攻击功能，具有信息搜集、漏洞利用、复制传播、目标选择等能力。

（二）网络攻击者技术要求

由于自动化网络攻击软件出现，网络攻击者可利用软件工具完成复杂攻击。网络攻击者由技术人员向非技术人员转化。

（三）多目标网络攻击

网络攻击从以往的以 Unix 主机为主转向网络的各个层面上，包括网络通信协议、安全协议、域名服务器、路由设备、网络应用服务系统，甚至网络安全设备均成为其攻击目标。

（四）协同网络攻击

攻击者利用互联网巨大计算资源，开发特殊的程序将分布不同地域的计算机协同起来，向特定的目标发起攻击。

（五）网络拒绝服务攻击

最早的拒绝服务攻击是"电子邮件炸弹"，它能使用户很短时间内收到大量电子邮件，使用户系统不能处理正常业务，严重时还会使系统崩溃、网络瘫痪。

（六）网络攻击速度变快

网络中的漏洞往往是攻击者先发现的，这样网络安全防御就处于被动局面。如果网络安全防御者未消除新公布的漏洞，那么网络攻击者就有机可乘。网络攻击者掌握主动权，而防御者被动应付。

简而言之，计算机网络系统面临日益严重的安全威胁，安全问题已经成为影响网络发展、特别是商业应用的主要问题，并威胁着国家和社会的安全。

第二节 计算机网络攻击的过程

网络攻击过程被归纳为若干阶段，其目的在于知己知彼，更好地做好网络安全防范工作。通过分析若干攻击事件以及攻击者入侵资料，可将攻击归纳为下面几个步骤。

①攻击身份和位置隐藏：隐藏黑客主机位置使得系统管理无法追踪。

②目标系统信息收集：确定攻击目标并收集目标系统的有关信息。

③漏洞信息挖掘分析：从收集到的目标信息中提取可使用的漏洞信息。

④目标使用权限获取：获取目标系统的普通或特权账户的权限。

⑤攻击活动隐蔽：隐蔽在目标系统的操作中，防止入侵行为被发现。

⑥攻击活动实施：进行破坏活动或者以目标系统为跳板向其他系统发起新的攻击。

⑦开辟后门：在目标系统中开辟后门，方便以后入侵。

⑧攻击痕迹清除：避免安全管理员的发现、追踪以及法律部门取证。

一、隐藏攻击源

隐藏位置就是有效地保护自己，在因特网上的网络主机均有自己的网络地址，根据 TCP/IP 协议的规定，若没有采取保护措施，很容易反查到某台网络主机的位置，如 IP 地址和域名。因此，有经验的黑客实施攻击活动的首要步骤是设法隐藏自己所在的网络位置，包括自己的网络域名及 IP 地址，这样使调查者难以发现真正的攻击者来源。攻击者常用如下技术隐藏他们真实的 IP 地址或者域名。

①利用被侵入的主机作为跳板，如在安装 Windows 的计算机内利用 Wingate 软件作为跳板，或利用配置不当的代理服务器作为跳板；

②使用电话转接技术隐蔽自己，如利用电话的转接服务连接 ISP；

③盗用他人的账号上网，通过电话连接一台主机，再经由主机进入互联网；

④免费代理网关；

⑤伪造 IP 地址；

⑥假冒用户账号。

二、收集攻击目标信息

在发动一些攻击之前，攻击者一般要先确定攻击目标并收集目标系统的相关信息。他可能在一开始就确定了攻击目标，然后专门收集该目标的信息，也可能先大量地收集网上主机的信息，然后根据各系统的安全性强弱来确定最后的目标。

对于攻击者来说，信息是最好的工具。它可能就是攻击者发动攻击的最终目的（如绝密文件、经济情报等），也可能是攻击者获得系统访问权的通行证，如用户口令、认证票据，也可能是攻击者获取系统访问权的前奏，如目标系统的软硬件平台类型、提供的服务与应用及其安全性的强弱等。攻击者感兴趣的信息主要包括：

①系统的一般信息，如系统的软硬件平台类型、系统的用户、系统的服务与应用等；

②系统及服务的管理、配置情况，如系统是否禁止 root 远程登录，SMTP 服务器是否支持 decode 别名等；

③系统口令的安全性，如系统是否存在弱口令、默认用户的口令是否没有改动等；

④系统提供的服务的安全性，以及系统整体的安全性能，这一点可以从该系统是否提供安全性较差的服务、系统服务的版本是否是弱安全版本以及是否存在其他的一些不安全因素来做出判断。

在地下攻击者社团，获取这些信息的方法已经广为人知，攻击者可以通过手工探测来获取这些信息，也可以利用已有的软件来快速地获得这些信息。攻击者获取这些信息的方法主要有：

①使用口令攻击，如口令猜测攻击、口令文件破译攻击、网络窃听与协议分析攻击、社交欺诈等手段；

②对系统进行端口扫描，或者使用已有的端口扫描工具；

③探测特定服务的漏洞，或者使用已有的探测工具，如 NFS 漏洞探测程序、X 服务器探测程序等；

④使用系统整体安全性分析、报告软件，如 ISS、SATAN、Nessus 等。

值得注意是，攻击者进行攻击目标信息搜集时，还会注意隐藏自己，以免引起目标系统管理员的注意。

三、挖掘漏洞信息

系统中漏洞的存在是系统受到各种安全威胁的根源。外部攻击者的攻击主要利用了系统提供的网络服务中的漏洞，内部人员作案则利用了系统内部服务及其配置上的漏洞。拒绝服务攻击主要利用资源的有限性及分配策略的漏洞，长期占用有限资源不释放，使其他用户得不到应得的服务，或者利用服务处理中的漏洞，使该服务程序崩溃。攻击者攻击的重要步骤就是尽量挖掘出系统的漏洞，并针对具体的漏洞研究相应的攻击方法。常用的漏洞挖掘技术方法如下。

（一）系统或应用服务软件漏洞

攻击者可以根据系统提供的不同的服务来使用不同的方法以获取系统的访问权限。如果攻击者发现系统提供了 finger 服务，攻击者就能得到系统用户信息，进而通过猜测用户口令获取系统的访问权；如果系统还提供其他的一些远程网络服务，如邮件服务、WWW 服务、匿名 FTP 服务、TFTP 服务等，攻击者可以使用这些远程服务中的漏洞获取系统的访问权。

（二）主机信任关系漏洞

黑客总是寻找那些被信任的主机。这些主机可能是管理员使用的机器，或是一台被认为很安全的服务器。比如，他可以利用 CGI 漏洞，读取 /etc/hosts.allow 文件等，通过这个文件，就可以大致了解主机间的信任关系，从而探测这些被信任的主机哪些存在漏洞。

（三）目标网络的使用者漏洞

尽量去发现有漏洞的网络使用者，对攻击者往往起到事半功倍的效果，因为堡垒最容易从内部攻破。

（四）通信协议漏洞

通过分析目标网络所采用的协议信息，寻找漏洞，如 TCP/IP 协议就有漏洞。

（五）网络业务系统漏洞

通过掌握目标网络的业务流程信息，然后发现漏洞，如网络申请使用权限登记漏洞。

四、获取目标访问权限

一般账户对目标系统只有有限的访问权限，要达到某些目的，攻击者必须有更多的权限。因此在获得一般账户之后，攻击者经常会试图去获得更高的权限，如系统管理账户的权限。获取系统管理权限通常有以下途径：

①获得系统管理员的口令，如专门针对 root 用户的口令攻击；

②利用系统管理上的漏洞，如错误的文件许可权、错误的系统配置、某些 SUID 程序中存在的缓冲区溢出问题等；

③让系统管理员运行一些特洛伊木马，如经篡改之后的 LOGIN 程序等；

④窃听管理员口令。

五、隐蔽攻击行为

作为一个入侵者，攻击者总是唯恐自己的行踪被发现，所以在进入系统之后，聪明的攻击者要做的第一件事就是隐藏自己的行踪，攻击者隐藏自己的行踪通常要用到下面的这些技术：

①连接隐藏，如冒充其他用户、修改 logname 环境变量、修改 utmp 日志文件、使用 IP Spoof 技术等；

②进程隐藏，如使用重定向技术减少攻击给出的信息量、用特洛伊木马代替攻击程序等；

③文件隐蔽，如利用字符串相似麻痹系统管理员，或修改文件属性使得普通显示方法无法看到；利用操作系统可加载模块的特性，隐瞒攻击时所产生的信息。

六、实施攻击

不同的攻击者有不同的攻击目的，可能是为了获得机密文件的访问权，可能是破坏系统数据的完整性，也可能是获得整个系统的控制权——系统管理权限，以及其他目的等。一般来说，可归结如下：

①攻击其他被信任的主机和网络；

②修改或删除重要数据；

③窃听敏感数据；

④停止网络服务；

⑤下载敏感数据；

⑥删除数据账号；

⑦修改数据记录。

七、开辟后门

一次成功的入侵通常要耗费攻击者的大量时间与精力，所以精于算计的攻击者在退出系统之前会在系统中设计一些后门，以方便自己的下次入侵。攻击者设计后门时通常会考虑以下方法：

①放宽文件许可权；

②重新开放不安全的服务，如 REXD、TFTP 等；

③修改系统的配置，如系统启动文件、网络服务配置文件等；

④替换系统本身的共享库文件；

⑤修改系统的源代码，安装各种特洛伊木马；

⑥安装嗅探器（Sniffers）；
⑦建立隐蔽信道。

八、清除攻击痕迹

攻击者为了避免系统安全管理员追踪，攻击时常会消除攻击痕迹，避免安全管理或入侵检测系统发现。常用的方法有：

①篡改日志文件中的审计信息；
②改变系统时间造成日志文件数据紊乱以迷惑系统管理员；
③删除或停止审计服务进程；
④干扰入侵检测系统正常运行；
⑤修改完整性检测标签。

第三节 计算机网络攻击常用技术

一、端口扫描

端口扫描的目的是找出目标系统上提供的服务列表。端口扫描程序逐个尝试与 TCP/UDP 端口连接，然后根据著名端口与服务的对应关系，结合服务器端的反应推断目标系统上是否运行了某项服务。通过这些服务，攻击者可能获得关于目标系统的进一步的知识或通往目标系统的途径。根据端口扫描利用的技术，扫描可以分成多种类型，下面分别叙述。

（一）完全连接扫描

完全连接扫描利用 TCP/IP 协议的三次握手连接机制，使源主机和目的主机的某个端口建立一次完整的连接。如果建立成功，则表明该端口开放；否则，表明该端口关闭。

（二）半连接扫描

半连接扫描在源主机和目的主机的三次握手连接过程中，只完成前两次握手，不建立一次完整的连接。

（三）SYN 扫描

首先向目标主机发送连接请求，当目标主机返回响应后，立即切断连接过程，并查看响应情况。如果目标主机返回 ACK 信息，表示目标主机的该端口开放；而目标主机返回 RESET 信息，表明该端口没有开放。

（四）ID 头信息扫描

这种扫描方法需要用一台第三方机器配合扫描，并且这台机器的网络通信量要非常少，即"dumb"主机。

首先由源主机 A 向"dumb"主机 B 发出连续的 Ping 数据包，并且查看主机 B 返回的数据包的 ID 头信息。一般而言，每个顺序数据包的 ID 头的值会顺序增加 1。然后由源主机 A 假冒主机 B 的地址向目的主机 C 的任意端口（1～65535）发送 SYN 数据包。这时，主机 C 向主机 B 发送的数据包有两种可能的结果：

① SYN|ACK，表示该端口处于监听状态；

② RST|ACK，表示该端口处于非监听状态。

那么，由后续 Ping 数据包的响应信息的 ID 头信息，可以看出如果主机 C 的某个端口是开放的，则主机 B 返回 A 的数据包中，ID 头的值不是递增 1，而是大于 1 的；如果主机 C 的某个端口是非开放的，则主机 B 返回 A 的数据包中，ID 头的值递增 1，非常规律。

（五）隐蔽扫描

隐蔽扫描是能够成功地绕过 IDS、防火墙和监视系统等安全机制，取得目标主机端口信息的一种扫描方式。

（六）SYN|ACK 扫描

SYN|ACK 扫描由源主机向目标主机的某个端口直接发送 SYN|ACK 数据包，而不是先发送 SYN 数据包。由于这种方法不发送 SYN 数据包，目标主机会认为这是一次错误的连接，从而会报错。

如果目标主机的该端口没有开放，则会返回 RST 信息；如果目标主机的该端口处于开放状态，则不会返回任何信息，而直接将这个数据包抛弃掉。

（七）FIN 扫描

FIN 扫描由源主机 A 向目标主机 B 发送 FIN 数据包，然后查看反馈信息。如果端口返回 RESET 信息，则说明该端口关闭；如果端口没有返回任何信息，则说明该端口开放。

（八）ACK 扫描

ACK 扫描首先由主机 A 向目标主机 B 发送 FIN 数据包，然后查看反馈数据包的 TTL 值和 WIN 值。开放端口所返回数据包的 TTL 值一般小于 64，而关闭端口的返回值一般大于 64；开放端口所返回数据包的 WIN 值一般大于 0，而关闭端口的返回值一般等于 0。

（九）NULL 扫描

NULL 扫描将源主机发送的数据包中的 ACK、FIN、RST、SYN、URG、PSH 等标志位全部置空。如果目标主机没有返回任何信息，则表明该端口是开放的；如果返回 RST 信息，则端口是关闭的。

（十）XMAS 扫描

XMAS 扫描的原理和 NULL 扫描相同，只是将要发送的数据包中的 ACK、FIN、RST、SYN、URG、PSH 等头标志位全部置 1。如果目标主机没有返回任何信息，则表明该端口是开放的；如果返回 RST 信息，则该端口是关闭的。

网络端口扫描是攻击者必备的技术，通过扫描可以掌握攻击目标的开放服务，根据扫描所获得的信息，为下一步攻击做准备。Nmap 是一个经典的端口扫描器，能实现上述多种技术方法。

二、口令破解

口令机制是资源访问控制的第一道屏障。网络攻击者常常以破解用户的弱口令为突破口，获取系统的访问权限。随着计算机硬件和软件技术的发展，口令破解更为有效。网络攻击者有了千倍于 10 年前的计算能力进行口令攻击。在一台工作站上，对包含 250 000 个词条的字典搜索一遍的时间可降至 5 min。据调查研究，普通用户在口令字符的选择上，仅含小写字母的占 28.9%，部分含有大写字母的占 40.9%，含有控制字符的仅占 1.4%，含有标点字号的仅占 13.4%，含有非字母数字的仅占 1.7%。直接选用注册时的用户信息（如用户名、电话及用户 ID）作密码的占 3.9%。总的来说，20%~30% 的口令可通过对字典或常用字符表进行搜索或经过简单的置换发现。目前，网络攻击者有专用的口令攻击软件，这些软件能够针对不同的系统进行攻击，例如，John the Ripper 软件用于破解 Unix 口令、LOphtCrack 软件用于破解 Windows NT 口令。此外，一些远程网络服务口令破解软件开始出现，攻击者利用这些软件工具，进行远程猜测网络服务口令，其主要工作流程如下：

第一步，建立与目标网络服务的网络连接；

第二步，选取一个用户列表文件及字典文件；

第三步，在用户列表文件及字典文件中，选取一组用户和口令，按网络服务协议规定，将用户名及口令发送给目标网络服务端口；

第四步，检测远程服务返回信息，确定口令尝试是否成功；

第六章 计算机网络攻击与保护策略

第五步，再取另一组用户和口令，重复循环试验，直至口令用户列表文件及字典文件选取完毕。

三、缓冲区溢出

在网络攻击技术的发展历程中，缓冲区溢出攻击逐渐成为最有效的一种攻击技术。缓冲区溢出攻击可以使攻击者有机会获得一台主机的部分或全部的控制权。据统计，缓冲区溢出攻击占远程网络攻击的绝大多数。在 BugTraq 的调查中，有 2/3 的被调查者认为缓冲区溢出漏洞是一个很严重的安全问题。缓冲区溢出成为远程攻击主要方式的原因是缓冲区溢出漏洞给予攻击者控制程序执行流程的机会。攻击者将特意构造的攻击代码植入有缓冲区溢出漏洞的程序，改变漏洞程序的执行过程，就可以得到被攻击主机的控制权。

四、网络蠕虫病毒

网络蠕虫病毒最早的例子是，1988 年小莫里斯编制的蠕虫病毒程序，该病毒程序具有复制传播功能，可以感染 Unix 系统主机，使网上 6000 多台主机无法运行。2001 年 8 月，红色代码蠕虫病毒利用微软 Web 服务器 IIS4.0 或 5.0 中 index 服务的安全缺陷，通过自动扫描感染方式传播蠕虫病毒。由于很多 Windows NT 系统和 Windows 2000 系统都默认提供 Web 服务，因此该蠕虫病毒的传播速度极快，大大地加重了网络的通信负担，常常造成网络瘫痪。2001 年 9 月，一种更具破坏力的恶意代码——尼姆达（Nimda）蠕虫病毒开始在互联网上迅速蔓延传播。尼姆达蠕虫病毒感染 Windows 系列多种计算机系统，通过电子邮件、网络共享、浏览器、Web 服务器和红色代码留下后门等多种渠道传播，其传播速度之快、影响范围之广、破坏力之强都超过红色代码蠕虫病毒。

五、假冒网站

网络攻击者设法将信息发送端重新定向到攻击者所在的计算机，然后再转发给接收者。例如，攻击者伪造某个网上银行域名，用户不知真假，却按银行要求输入账号和密码，攻击者从而获取银行账号信息。

六、拒绝服务

拒绝服务攻击即攻击者利用系统的缺陷，通过执行一些恶意的操作使得合法的系统用户不能及时地得到应得的服务或系统资源，如 CPU 处理时间、存储器、网络带宽等。拒绝服务攻击往往造成计算机或网络无法正常工作，进而会使一个依赖于计算机或网络服务的企业不能正常运转。拒绝服务攻击最本质的特征是延长服务等待时间。当服务等待时间超过某个阈值时，用户无法忍耐而放弃服务。拒绝服务攻击延迟或者阻碍合法的用户使用系统提供的服务，对关键性和实时性服务造成的影响最大。拒绝服务攻击与其他的攻击方法相比较，具有以下特点：①难确认性，拒绝服务攻击很难判断，用户在自己的服务得不到及时响应时，并不认为自己（或者系统）受到攻击，反而可能认为是系统故障造成一时的服务失效；②隐蔽性，正常请求服务隐藏拒绝服务攻击的过程；③资源有限性，由于计算机资源有限，容易实现拒绝服务攻击；④软件复杂性，由于软件所固有的复杂性，难以确保软件没有缺陷。因而攻击者有机可乘，可以直接利用软件缺陷进行拒绝服务攻击，如泪滴攻击。

（一）同步风暴

同步风暴即攻击者假造源网址发送多个同步数据包给服务器，服务器因无法收到确认数据包，使 TCP/IP 协议的三次握手无法顺利完成，因而无法建立连接。其原理是发送大量半连接状态的服务请求，使 Unix 等服务主机无法处理正常的连接请求，因而影响正常运作。

（二）UDP 洪水

UDP 洪水即利用简单的 TCP/IP 服务，如用 Chargen 和 ECHO 传送毫无用处的占满宽带的数据。其原理是通过伪造与某一主机的 Chargen 服务之间的一次 UDP 连接，回复地址指向开放 ECHO 服务的一台主机，在两台主机之间生成足够多的无用数据流。

（三）Smurf 攻击

一种简单的 Smurf 攻击是，将回复地址设置成目标网络广播地址的 ICMP 应答请求数据包，使该网络的所有主机都对此 ICMP 应答请求做出应答，导致网络阻塞。更加复杂的 Smurf 攻击将源地址改为第三方的目标网络，最终导致第三方网络阻塞。

（四）垃圾邮件

垃圾邮件即攻击者利用邮件系统制造垃圾信息，甚至通过专门的邮件炸弹（mail bomb）程序给受害用户的信箱发送垃圾信息，耗尽用户信箱的磁盘空间，使用户无法应用这个信箱。

（五）消耗 CPU 和内存资源的拒绝服务攻击

如红色代码蠕虫病毒和尼姆达蠕虫病毒，就是消耗 CPU 和内存资源的拒绝服务攻击。

（六）死亡之 Ping

最简单的基于 IP 的攻击可能要数著名的死亡之 Ping。早期，路由器对包的最大尺寸都有限制，许多操作系统在实现 TCP/IP 堆栈时，规定 ICMP 包小于等于 64KB，并且在对包的标题头进行读取之后，要根据该标题头中包含的信息为有效载荷生成缓冲区。死亡之 Ping 的原理是当产生畸形的、尺寸超过 ICMP 上限的包，即加载的尺寸超过 64KB 上限时，就会出现内存分配错误，导致 TCP/IP 堆栈崩溃，使接收方停机。

（七）泪滴攻击

泪滴攻击暴露出 IP 数据包分解与重组的弱点。当 IP 数据包在网络中传输时，被分解成许多不同的片传送，并借由偏移量字段作为重组的依据。泪滴攻击通过加入过多或不必要的偏移量字段，使计算机系统重组错乱，产生不可预期的后果。

（八）分布式拒绝服务攻击

分布式拒绝服务攻击借助于客户/服务器技术，将多个计算机联合起来作为攻击平台，对一个或多个目标发动 DDoS 攻击。攻击者从多个已入侵的跳板主机控制数个代理攻击主机，所以攻击者可同时对已控制的代理攻击主机激活干扰命令，对大量受害主机进行攻击。最著名的分布式拒绝服务攻击程序有以下 4 种：Trinoo、TFN、TFN2K 和 Stacheldraht。

七、网络嗅探

网络嗅探器是一种黑客工具，用于窃听流经网络接口的信息，从而获取用户会话信息，如商业秘密和认证信息（用户名、口令等）。一般的计算机系统通常只接收目的地址指向自己的网络包，其他的包被忽略。但在很多情况下，一台计算机的网络接口可能收到目的地址并非指向自身的网络包，在完全的广播子网中，所有涉及局域网中任何一台主机的网络通信内容均可被局域网中所有的主机接收到，这就使得网络窃听变得十分容易。目前的网络嗅探器大部分是基于以太网的，其原因在于现在广泛使用的以太网采用共享信道的方法，即发给指定主机的信息广播到整个网络上。尽管在普通方式下，某台主机只能收到发给它的信息，然而只要这台主机将网络接口的方式设成

"杂乱"模式,就可以接收整个网络上的信息包。利用以太网的特点,网络攻击者可以接收整个网络上的信息包,获取敏感的口令,甚至将其重组,还原为用户传递的文件。网络嗅探工具有许多,一般来说,网络嗅探器的工作流程如下。

①打开文件描述字。打开网络接口、专用设备或网络套接字,得到一个文件描述字,以后所有的控制和读、写都针对该文件描述字。

②设置杂模式。把以太网网络接口设置为"promiscuous mode",使之接收所有流经网络介质的信息包。

③设置缓冲区、采集时间、抓取长度等。缓冲区用来存放从内核缓冲区复制过来的网络包,设置它的大小。采集时间的意思是,如果内核缓冲区有数据待读但没有满,系统向用户进程发送"就绪"通知的等待时间。如果采集时间为零,那么一有数据系统就会立刻向用户进程发送"就绪"通知,并由用户进程把数据从内核缓冲区复制到用户缓冲区。这样可能造成过于频繁的通知和复制,增加系统处理能力的附加负担,降低效率。如果适当地设置取样时间,在系统等待发送"就绪"通知期间,就可能有新的数据到来,这样多个网络包只需一次通知和一次复制,减少了系统处理能力的消耗。抓取长度定义为从内核复制空间到用户空间的最大网络包长,超过该长度的包被截短,其目的也在于提高处理效率。

④设置过滤器。过滤器使内核只攫取那些我们感兴趣的网络包,而不是所有流经网络介质的网络包,可以减少不必要的复制和处理。

⑤读取包。从文件描述字中读取数据,一般来说,就是数据链路层的帧,亦即以太网帧。

⑥过滤、分析、解释、输出。如果内核没有提供过滤功能,只能把所有的网络包从内核空间复制到用户空间,然后由用户进行分析和过滤,主要分析以太包头和TCP/IP包头中的信息,如数据长度、源IP、目的IP、协议类型(TCP、UDP、ICMP)、源端口、目的端口等,选择出用户感兴趣的网络数据包。最后对应用层协议级的数据进行解释,把原始数据转化成用户可理解的方式输出。

八、SQL注入攻击

在Web服务中,一般采用3层架构模式:浏览器是、Web服务器、数据库。其中,Web脚本程序负责处理来自浏览器端提交的信息,如用户登录名和密码、查询请求等。但是,由于Web脚本程序编程漏洞,对来自浏览器端的信息缺少输入安全合法性检查,网络攻击者利用这种类型漏洞,把SQL命令插入 Web 表单的输入域或页面的请求查找字符串,欺骗服务器执行恶意的 SQL 命令。

九、社交工程方法

网络攻击者通过一系列的社交活动,获取需要的信息。例如,伪造系统管理员的身份,给特定的用户发电子邮件骗取他的密码口令。有的攻击者给用户送上免费试用程序,该程序除了完成用户所需的功能外,还隐藏了一个将用户的计算机信息发送给攻击者的功能。很多时候,没有经验的网络用户容易被攻击者欺骗,泄漏了相关信息。例如,攻击者打电话给公司职员,自称是网络安全管理成员,并且要求获得用户口令。攻击者得到用户口令后,就能够滥用合法用户的权利。

十、电子监听

电子监听是网络攻击者采用电子设备远距离地监视电磁波的传送过程的一种技术。灵敏的无线电接收装置能够在远处看到计算机操作者输入的字符或屏幕显示的内容。

十一、会话劫持

会话劫持即攻击者在初始授权之后建立一个连接,在会话劫持以后,攻击者具有合法用户的特权权限。例如,一个合法用户拨通一台主机,当工作完成后,没有切断主机。然后,攻击者乘机接管,因为主机并不知道合法用户的连接已经断开。于是,攻击者能够使用合法用户的所有权限。典型的实例是"TCP 会话劫持"。

十二、漏洞扫描

漏洞扫描器是一种自动检测远程或本地主机安全漏洞的软件,通过漏洞扫描器,可以自动发现系统的安全漏洞。网络攻击者利用漏洞扫描来搜集目标系统的漏洞信息,为下一步攻击做准备。常见的漏洞扫描技术有 CGI 漏洞扫描、弱口令扫描、操作系统漏洞扫描、数据库漏洞扫描等。一些黑客或安全人员为了更快速地查找网络系统中的漏洞,会针对某个漏洞开发专用的漏洞扫描工具,如 RPC 漏洞扫描器。

十三、代理技术

网络攻击者通过免费代理服务器进行攻击,其目的是以代理服务器为"攻击跳板"，即使被攻击目标的网络管理员发现，也难以追踪到网络攻击者的真实身份或 IP 地址。为了增加追踪的难度，网络攻击者还会用多级代理服务器或者"跳板主机"来攻击目标。在黑客中，代理服务器被叫作"肉鸡"，黑客常利用所控制的机器进行攻击活动，如 DDoS 攻击。

十四、数据加密技术

网络攻击者为了逃避网络安全管理人员的追踪，常常采用数据加密技术。加密使网络攻击者的数据得到有效的保护，即使网络安全管理人员得到这些加密的数据，由于没有密钥，也无法读懂，这样就实现了攻击者的自身保护。攻击者的安全原则是任何与攻击有关的内容都必须加密或者立刻销毁。例如，他们与其他攻击者用电子邮件交流时，使用 PGP 加密。

第四节　计算机网络攻击保护策略

一、电子邮件安全保护

随着互联网技术的发展，电子邮件作为一种信息交换工具，具有方便、廉价、时效性高和通用性强等特点，从一开始就受到了人们的重视。最初的电子邮件系统的功能很简单，经过进一步的发展，现在的电子邮件不仅可以传送文字信息，而且还可以传送声音、图像、视频等多媒体信息。随着电子邮件用户的增多和使用范围的逐渐扩大，电子邮件对系统安全的影响越来越大，保证电子邮件本身的安全越来越重要。

电子邮件安全技术保证邮件从发出到接收的整个过程中，内容保密、无法修改且不可否认。目前，电子邮件安全应用标准有 S/MIME、PGP 和 PEM。在互联网中，主要使用的电子邮件安全标准是 PGP 和 S/MIME。

（一）PGP

PGP（Pretty Good Privacy）是一个基于 RSA 公钥加密体制的邮件加密软件。它是一种混合密码系统，包含 4 个密码单元，即分组密码、公开密码、单向散列算法和一个随机数产生算法。PGP 把 RSA 公钥体制的方便和传统加密体制的高速结合起来，并且在数字签名和密钥的认证管理机制上有独特的设计。其特点是通过单向散列算法对邮件内容进行签名，以保证信件内容无法修改，使用公钥和私钥技术保证邮件内容保密且不可否认。发信人与收信人的公钥都公布在公开的地方，如 FTP 站点，而公钥本身的权威性则可以由第三方，特别是收信人所熟悉或信任的第三方进行签名认证，没有统一集中的机构对公钥/私钥进行签发，即在 PGP 系统中，信任是双方之间的直接关系，或是通过第三方、第四方的间接关系，但任意两方之间都是对等的，整个信任关系构成网状结构。PGP 是目前很流行的公钥加密软件包。它提供 5 种功能：数字签名、机密性、压缩、E-mail 兼容性和分段功能。

（二）S/MIME 协议

多用途网际邮件扩充（Secure/Multipurpose Internet Mail Extensions，S/MIME）协议由 RSA 算法专利拥有者 RSA 数据安全公司所制定，它由增强安全的私人函件（Privacy Enhanced Mail，PEM）和 MIME（多功能互联网邮件扩充服务）发展而来。S/MIME 使用 X.509 标准的树状认证结构，这个标准得到了微软等大多数商业公司的支持，并很快得到国际互联网工程任务组（The Internet Engineering Task Force，IETF）的承认。S/MIME 提供的功能如下。

①封装数据：加密内容和加密密钥。

②签名数据：发送者对消息进行签名，并用私钥加密，对消息和签名都使用 base 64 编码，签名后的消息只有使用 S/MIME 的接收者才能阅读。

③透明签名数据：发送者对消息签名，但只对签名使用 base 64 编码，接收者即使没有使用 S/MIME，也可以阅读消息内容，但不能验证签名。

④签名和封装数据：加密后的数据可以再签名，签名过的数据可以再次加密。S/MIME 所使用的密码算法有 SHA、MD5、DSS、RSA、RC2 和 DES 等。

二、IP 安全保护

网际层是 TCP/IP 体系结构网络中最关键的一层，IP 作为网际层的核心协议，其安全机制可对上层的各种应用服务提供透明的覆盖式安全保护。因此，IP 安全是整个 TCP/IP 安全的基础，是网络安全的核心。由于 IP 地址可以使用软件灵活配置以及使用基于源 IP 地址的认证机制，网络层存在网络业务流被监听和捕获、IP 地址欺骗、信息泄露和数据项被篡改等攻击现象。

（一）IP 安全概述

为了防止非授权用户监控网络流量，需要认证和加密机制增强用户之间的通信流量，1994 年互联网结构委员会（IAB）发表了一份关于互联网体系结构中的安全问题的报告，用来保护网络基础设施。但由于一些安全事故影响了多个站点，IAB 决定把认证和加密作为下一代 IP 的必备安全特性。针对互联网的安全需求，国际互联网工程任务组于 1998 年 11 月颁布了网际层安全标准 IPSec（IP Security），其目标是为 IPv4 和 IPv6 提供具有较强的互操作能力、高质量和基于密码的安全，在网际层实现多种安全服务，包括访问控制、无连接安全性、数据源验证、机密性和有限的业务流机密性等。

（二）IP 安全体系结构 IPSec

IPSec 是一套基于加密技术的保护服务安全协议簇。可以提供对专用网络和互联网攻击的主动防御，可用来保护一条或多条介于主机之间、安全网关之间或主机和安全网关之间的数据通道。它采用端对端的安全保护模式，保护工作组、局域网计算机、域客户和服务器、距离很远的分公司以及远程管理计算机间的通信。

IPSec 在网际层上实现了加密、认证、访问控制等多种安全技术服务，任何上层协议（如 TCP、UDP、ICMP）或者任何应用层的协议都可以使用这些服务。各种应用程序可以享用 IPSec 提供的安全服务和密钥管理，而不必设计和实现自己的安全机制，从而减少密钥协商的开销，也降低了产生安全漏洞的可能性。IPSec 可连续或递归应用在路由器、防火墙、主机和通信链路上，实现端到端的安全、虚拟专用网络和安全隧道技术。

IPSec 安全体系结构中包括了以下 3 个最基本的协议：

①认证头（AH）协议为 IP 包提供信息源认证和完整性保证；

②封装安全（ESP）协议提供加密保证；

③互联网安全协会和密钥管理协议（ISAKMP）提供双方交流时的共享安全信息，它支持 IPSec 协议的密钥管理要求。

认证头和封装安全协议都有一系列相关的支持文件，规定了认证和加密的算法。这些协议可单独使用或组合使用，以提供所希望的安全服务。IPSec 的服务都在网际层上实现。

Windows 2000 以上的操作系统都支持 IPSec，但 Windows 2000 以前的版本，如 Windows 98 与 Windows NT 都不支持 IPSec。在使用 Windows 2000 以上版本的网络中，不管是局域网，还是广域网，都可以通过配置 IPSec 策略来保证网络的安全。

三、网络安全服务协议

网络安全服务协议可以在不同层次上提供网络安全服务。通用的解决办法是在网际层使用 IPSec 或在 TCP 上实现安全性。在 TCP 上有两种实现选择：① SSL 或 TLS 作为基本协议簇的一个部分提供；②将 SSL 嵌入软件，如嵌入 Web 浏览器与 Web 服务器。与应用有关的安全服务也可以被嵌入特定的应用程序，如安全电子交易。网络安全服务协议大多已嵌入特定的应用程序或操作系统，成为系统默认的配置。

（一）安全套接层协议

安全套接层（SSL）协议是美国网景（Netscape）公司于1996年设计的一种安全协议。安全套接层协议位于TCP/IP与各种应用层协议之间，其主要目标是在两个通信应用程序之间提供保密性和可靠性服务。

安全套接层安全协议主要提供以下3方面的服务：

①认证用户和服务器，使得它们能够确信数据将被发送到正确的客户端和服务器上；

②加密数据以隐藏被传送的数据；

③维护数据的完整性，确保数据在传输过程中不被改变。

安全套接层协议可分为两层：安全套接层记录协议和安全套接层握手协议。安全套接层记录协议建立在可靠的传输协议（如TCP）之上，为高层协议提供数据封装、压缩、加密等基本功能的支持。安全套接层握手协议建立在安全套接层记录协议之上，用于实际的数据传输开始前，通信双方进行身份认证、协商加密算法、交换加密密钥等过程。

安全套接层协议的工作方式为：首先，在客户端和服务器之间建立正常的会话，客户端向服务器发送用于与客户端通信的数据；然后服务器给客户端发送一个消息，指出需要建立一个安全连接，客户端通过发送其公钥和安全参数进行响应，服务器找到一个公钥匹配，并给客户端发送一个数字证书，以验证客户端，此时这个握手过程完成；最后客户端必须确认收到的证书是有效和可信的。这样就建立了一个安全套接层会话。只要此会话处于激活状态，任何数量的数据都可安全地传输，直到客户端或服务器切断安全连接为止。

（二）传输层安全协议

传输层安全（TLS）协议是建立在SSL 3.0协议规范基础之上，由互联网工程任务组定义的一种新协议。在传输层，传输层安全协议在源和目的实体间建立了一条安全通道，提供基于证书的认证、保证数据的保密性和完整性等服务。

1.传输层安全协议提供的服务

传输层安全协议主要提供以下3方面的服务。

①客户端和服务器的合法性认证：这使通信双方能够确信数据将被送到正确的客户端或服务器上；客户端和服务器都有各自的证书，为了验证用户，传输层安全协议要求双方交换证书以进行身份认证并可靠地获取对方的公钥。

②对数据进行加密：传输层安全协议使用的加密技术既有对称算法，也有非对称算法，具体地说，在安全连接建立之前，双方先用非对称算法加密握手信息和进行数字签名，安全连接建立之后，双方用对称算法加密。

③保证数据的完整性：采用消息摘要函数提供数据的完整性服务。

2. 传输层安全协议的协商过程

传输层安全协议的协商过程分为以下5个步骤：

①客户机通过网络向服务器提出连接请求；

②双方互相认证对方的身份；

③双方协商使用的加密和签名算法；

④双方协商使用的密钥；

⑤双方交换结束信息。

协商完成后，双方就可以在一个安全的连接上交换数据了。

3. 安全电子交易协议

安全电子交易（SET）协议是为了在互联网上进行在线交易时，保证信用卡安全支付而设立的一个开放的规范。由于SET协议妥善地解决了信用卡在电子商务交易中的交易协议、信息保密、资料完整以及身份认证等问题，因此，安全电子交易协议已经被作为国际金融业推动安全电子商务的行业标准。

安全电子交易支付系统主要由持卡人、商家、发卡行、收单行、支付网关、认证中心6个部分组成。对应地，基于安全电子交易协议的网上购物系统至少包括电子钱包软件、商家软件、支付网关软件和签发证书软件。

安全电子交易协议的工作过程如下：

①消费者利用自己的个人计算机通过互联网选定所要购买的物品，并输入订货单，订货单上包括在线商店名称、购买物品名称、数量、交货时间、地点等相关信息；

②通过电子商务服务器与有关在线商店联系，在线商店做出应答，告诉消费者所填订货单的货物单价、应付款数、交货方式等信息是否准确，是否有变化；

③消费者选择付款方式，确认订单，签发付款指令，此时SET协议开始介入；

④在SET协议中，消费者必须对订单和付款指令进行数字签名，同时利用双重签名技术保证商家看不到消费者的账号信息；

⑤在线商店接受订单后，向消费者所在银行请求支付认可，信息通过支

付网关到收单行，再到电子货币发行公司确认，批准交易后，返回确认信息给在线商店；

⑥在线商店发送订单确认信息给消费者，消费者端的软件可记录交易日志，以备将来查询；

⑦在线商店发送货物或提供服务并通知收单行将钱从消费者的账号转移到商店账号，或通知发卡行请求支付，在认证操作和支付操作中间一般会有一个时间间隔，例如，在每天的下班前请求银行结当天的账。

前两个步骤与安全电子交易协议无关，安全电子交易协议从步骤③开始起作用，一直到步骤⑥。在处理过程中，对通信协议、请求信息的格式、数据类型的定义等 SET 协议都有明确的规定。在操作的每一步，消费者、在线商店、支付网关都通过证书颁发机构来验证通信主体的身份，以确保通信的对方不是冒名顶替的。所以也可以简单地认为，安全电子交易协议充分发挥了认证中心的作用，以维护在任何开放网络上的电子商务参与者所提供信息的真实性和保密性。

四、虚拟专用网技术

随着互联网技术的发展，如今人们利用互联网可以实现网上银行、网上购物、电子商务等多种与现实生活相关的经济活动。在此类经济活动中，人们最为关心的问题就是互联网的安全性。因为互联网是一个公共传输网络，建立在它之上的安全专用网络需要有高度的安全技术要求，而且互联网不提供像实际的点到点连接那样的可靠性能。因此在互联网上，经常发生信道阻塞，导致丢包和包重发的现象，这严重影响了互联网的安全性。目前，VPN 技术就是实现安全传输的重要手段之一。VPN 在这里专指在公共网络上构建的虚拟专用或私有网络，简称虚拟专用网或虚拟专网，可以被认为是一种在公共网络中隔离出来的网络。VPN 的隔离特性提供了某种程度的通信保密性和虚拟性。利用它可以在远程用户、公司分支机构、商业合作伙伴与公司的内部网之间建立可信的安全连接，并保护数据的安全传输。同时，通过将数据流转移到低成本的 IP 网络上会大幅减少用户在广域网和远程网络连接上的费用。正因为 VPN 具有安全、节省费用、灵活性大等特点，它已成为网络技术领域中的一个热点。

（一）VPN 概述

VPN 现已作为一个专门术语被人们接受。对于 VPN，在研究人员、开发商、网络集成商和用户看来，各有不同侧重面的理解和认识。但将字面意义和虚拟组网技术综合起来分析，可以将 VPN 定义为：通过一条公共网络（如互联网）

建立的临时的、安全的连接，是一条穿过混乱的公用网络的安全、稳定的隧道，是对企业内部网的扩展。VPN 在本质上是不完全独立的网络，它与真实网络的差异在于，VPN 以隔离方式共享公共通信网。VPN 不与非 VPN 通信共享任何相互连接点，这是 VPN 提供的排他性的通信环境。

一个 VPN 至少提供的功能有：数据加密、信息和身份认证、访问权限控制。VPN 具有以下特点。

①使用 VPN 专用网将使构建网络的费用大幅降低。VPN 不需要像传统的专用网那样租用专线，也不需要设置大量的数据机或远程存取服务器等设备。例如，用户要远程访问 VPN，只需通过本地的信息服务提供商登录到互联网上，就可以在自己的办公室和公司内部网之间建立一条加密信道，这种用互联网作为远程访问的骨干网方案比传统的方案（如租用专线或远端拨号等）更易实现、费用更低。

② VPN 灵活性大。VPN 方便更改网络结构，方便连接新的用户和网站。

③ VPN 易于管理维护。在 VPN 中可以使用远程用户拨号认证服务（RADIUS）来简化管理，使用远程用户拨号认证服务时，从管理上只需维护一个访问权限的中心数据库来简化用户的认证管理，无须同时管理地理上分散的远程访问服务器的访问权限和用户认证。同时，在 VPN 中，较少的网络设备和线路也使网络的维护较为容易。

（二）VPN 分类

根据不同的需要，可以构造以下 3 种类型的 VPN。

1. 内部网 VPN

在公司和它的分支结构之间建立的 VPN 称为内部网 VPN。它通过公共网络将一个组织的各分支机构连接在一起，以这种方式连接而成的网络可称为扩展意义上的互联网。

2. 远程访问 VPN

在公司和远地职员或移动中的职员之间建立的 VPN 称为远程访问 VPN。这种连接通过互联网的远程拨号，在远地职员或移动中的职员和公司之间建立一条加密信道。

3. 外联网 VPN

在公司与商业伙伴、顾客、供应商、投资者之间建立的 VPN 称为外联网 VPN。VPN 可在互联网内建立一条隧道，经过防火墙来保护信息的安全。

（三）VPN 的实现技术

VPN 通常用 IPSec 来实现，IPSec 是一个为 IPv6 设计的 IP 安全协议，预计今后它将成为 VPN 的主要标准。IPSec 协议可以用硬件、软件或者两者的组合来兼容当前还在使用的 IPv4 协议。国家密码管理局发布了第 16 号公告——《SSL VPN 技术规范》，该技术规范已于 2009 年 6 月 1 日开始施行。基于互联网的 VPN 使用了下面的一些技术来实现内部数据网。

1. 隧道协议

VPN 技术中的隧道是由隧道协议形成的，隧道协议用来建立通过互联网的安全的点到点传输。大多数的 VPN 系统使用了点对点隧道协议（PPTP）、第二层隧道协议（L2TP）以及 IPSec 协议。第二层隧道协议综合了点对点隧道协议和第二层转发协议（L2F）的优点，并且支持多路隧道，可以使用户同时访问互联网和企业网。

2. 隧道服务器

隧道服务器位于企业网的中心站点，用于集中隧道连接。隧道服务器需要具备高性能，以便可以同时支持数百或数千个用户连接，同时隧道服务器往往具有一些访问控制、认证和加密的能力。

3. 认证

认证包括对用户身份进行认证、认证后决定是否允许用户对网络资源进行访问。现在有大量的认证技术来认证用户，包括用户名/口令、RADIUS 认证、令牌卡等。一旦一个用户在公司的 VPN 服务器进行了认证，根据他的访问权限表，他就有一定程度的访问权限。每个用户的访问权限表由网络管理员制定，并且要符合公司的安全策略。

在大量的认证技术中，VPN 更倾向于使用 RADIUS 进行用户认证。在 RADIUS 服务器中设有一个中心数据库，此中心数据库包括用户身份的信息，RADIUS 根据此中心数据库中的信息来认证用户。

VPN 采用 RADIUS 认证用户的大致过程是：当远程用户连接远程访问服务器时，远程访问服务（RAS）或 VPN 获得认证信息，并将认证信息传给 RADIUS 服务器；如果用户的信息能在中心数据库中查找到并且有权访问网络，RADIUS 则通知远程访问服务器继续处理，同时 RADIUS 发送一些关于用户的概要信息（如用户的 IP 地址、用户和网络保持连接的最大时间等）给远程访问服务器，远程访问服务或 VPN 根据这些信息来检查用户是否符合所有的条件，只有符合所有的条件时，用户才能访问网络。

4. 加密

当数据包传递时，加密技术用来隐藏数据包。如果数据包要通过不安全的互联网，那么即使已建立了用户认证，VPN 也不完全是安全的。因为如果没有加密，普通的嗅探技术也能捕获甚至更改信息流，所以在隧道的发送端，认证用户要先加密，再传送数据；在接收端，认证用户要先接收，再解密。

（四）VPN 的构建

与实际的点到点连接电路一样，VPN 系统可设计成通过互联网提供安全的点到点（或端到端）的"隧道"。这种连接与常规的直接拨号连接的不同点在于：后一种情形中，点对点协议（PPP）中的数据包流是通过专用线路传输的。而在 VPN 中，点对点协议中的数据包流是由一个 LAN 上的路由器发出的，通过共享 IP 网络上的隧道进行传输，再到达另一个 LAN 上的路由器。隧道连接与直接拨号连接的关键不同点是隧道代替了实实在在的专用线路。

VPN 可以构建在两个端系统或两个组织结构之间、一个组织机构内部的多个端系统之间、跨越全局性的互联网的多个组织之间和单个应用或组合应用之间。

构建 VPN 的一般步骤如下：

①架设 VPN 服务器；

②给用户分配远程访问的权限；

③在 VPN 客户端建立互联网连接；

④在 VPN 客户端建立 VPN 拨号连接；

⑤在 VPN 客户端连接互联网并与 VPN 服务器建立连接。

构建好 VPN 之后可以从以下 3 个方面来验证是否已经成功构建了 VPN：

①构建的 VPN 是否可以直接访问内网的计算机资源；

②构建的 VPN，是否可以访问 VPN 服务器的互联网接口；

③验证数据在传输过程是否被加密，可以分别在内网的计算机和 VPN 服务器上安装网络监视器，从外网发起访问，捕获并分析数据包是否被加密。

第七章 计算机网络病毒与保护策略

第一节 计算机网络病毒的特点及危害

计算机病毒对系统的危害是众所周知的。起初的计算机病毒只是在单机中传播，而如今随着计算机网络应用的日益普及，计算机病毒凭借互联网迅速地传播、繁殖，其速度和危害性已引起越来越多人的重视。目前，在网络信息安全领域，计算机病毒特别是网络病毒已经成为一种有效的攻击手段。

一、计算机病毒的概念

"计算机病毒"与医学上的"病毒"不同，它是根据计算机软、硬件所固有的弱点，编制出的具有特殊功能的程序。由于这种程序具有传染性和破坏性，与医学上的"病毒"有相似之处，因此习惯上将这些"具有特殊功能的程序"称为"计算机病毒"。

1983 年 11 月 10 日，美国人弗雷德·科恩（Fred Cohen）以测试计算机安全为目的，编写并发布了首个计算机病毒。20 多年后的今天，全世界已约有 6 万种计算机病毒，极大地威胁着计算机信息安全，如 2004 年上半年的"震荡波"病毒横扫全世界。"震荡波"病毒会在网络中自动搜索系统有漏洞的计算机，并引导其下载病毒文件并执行。整个传播和发作过程不需要人为干预，只要这些计算机接入互联网且没有安装相应的系统补丁程序，就有可能被感染。病毒会使"安全认证子系统"进程（lsass.exe）崩溃，致使系统反复重启，并且使与安全认证有关的程序出现严重运行错误。

从广义上讲，凡能够引起计算机故障，破坏计算机数据的程序统称为计算机病毒。依据此定义，逻辑炸弹病毒、蠕虫病毒等均可称为计算机病毒。

二、计算机网络病毒的概念

（一）计算机网络病毒的定义

传统的网络病毒是利用网络进行传播的一类病毒的总称。网络成了传播病毒的通道，使病毒从一台计算机传染到另一台计算机，然后传遍网络中的全部计算机，一般如果发现网络中有一个站点感染病毒，那么其他站点也会有类似病毒。一个网络系统只要有入口点，那么就很有可能感染上网络病毒，使病毒在网络中传播扩散，甚至会破坏整个系统。

严格地说，网络病毒是以网络为平台，能在网络中传播、复制及破坏的计算机病毒，像蠕虫病毒等一些威胁到计算机及计算机网络正常运行和安全的病毒才可以算作计算机网络病毒。计算机网络病毒专门使用网络协议（如 TCP/IP、FTP、UDP、HTTP、SMTP 和 POP3 等）来进行传播，它们通常不修改系统文件或硬盘的引导区，而是感染客户计算机的内存，强制这些计算机向网络发送大量信息，因而导致网络速度下降甚至完全瘫痪。由于计算机网络病毒保留在内存中，因此传统的基于磁盘的文件 I/O 扫描方法通常无法检测到它们。

（二）计算机网络病毒的传播方式

互联网技术的进步同样给许多恶毒的网络攻击者提供了一条便捷的攻击路径，他们利用网络来传播病毒，其破坏性和隐蔽性更强。一般来说，计算机网络的基本构成包括网络服务器和网络节点（包括有盘工作站、无盘工作站和远程工作站）。病毒在网络环境下的传播，实际上是按照"工作站—服务器—工作站"的方式进行循环传播的。计算机病毒，一般先通过有盘工作站的软盘或硬盘进入网络，然后开始在网络中传播。

具体地说，其传播方式有以下几种：

①病毒直接从有盘工作站复制到服务器中；

②病毒先感染工作站，在工作站内存驻留，等运行网络盘内程序时再感染服务器；

③病毒先感染工作站，在工作站内存驻留，当病毒运行时通过映像路径感染到服务器中；

④如果远程工作站被病毒侵入，病毒也可以通过通信中数据的交换进入网络服务器。

计算机网络病毒的传播和攻击主要通过两个途径，即用户邮件和系统漏洞。所以，一方面，网络用户要加强自身的网络意识，对陌生的电子邮件和网站提高警惕；另一方面，操作系统要及时地进行系统升级，以加强对病毒的防范能力。

随着互联网的发展，病毒的传播速度明显加快，传播范围也开始从区域化走向全球化。新一代病毒主要通过电子邮件、网页浏览、网络服务等网络途径传播，传播速度更快、发生频率更高，防御更困难，往往在找到解决办法前，病毒已经造成严重危害。

三、计算机网络病毒的特点

从计算机网络病毒的传播方式可以看出，计算机网络病毒除具有一般病毒的特点外，还有以下新的特点。

（一）传染方式多

病毒入侵网络系统的主要途径是通过工作站传播到服务器硬盘，再由服务器的共享目录传播到其他工作站。但病毒传染方式比较复杂，通常有以下几种。

①引导型病毒对工作站或服务器的硬盘分区表或 DOS 引导区进行传染。

②通过在有盘工作站上执行带毒程序，而传染服务器映射盘上的文件。由于 login.exe 文件是用户入网登录时第一个被调用的可执行文件，因此该文件最易被病毒感染，而 login.exe 文件一旦被病毒感染，则每个工作站在使用其登录时便会被感染，并进一步感染服务器共享目录。

③服务器上的程序若被病毒感染，则所有使用该带毒程序的工作站都将被感染。混合型病毒有可能感染工作站上的硬盘分区表或 DOS 引导区。

④病毒通过工作站的复制操作进入服务器，进而在网上传播。

⑤利用多任务可加载模块进行传染。

⑥若 Novell 服务器的 DOS 分区程序 server.exe 已被病毒感染，则文件服务器系统有可能被感染。

（二）传播速度快

单机病毒只能通过磁盘从一台计算机传染到另一台计算机，而网络病毒则可以通过网络通信机制，借助高速电缆迅速扩散。

由于病毒在网络中传播速度非常快，故其扩散范围很大。根据测定，计算机网络在正常使用情况下，只要有一台工作站有病毒，就可在几十分钟内将网上的数百台计算机全部感染。

（三）清除难度大

再顽固的单机病毒也可通过删除带毒文件、格式化硬盘等措施将病毒清除，而网络中只要有一台工作站中还有病毒未杀干净，就可使整个网络全部重新被病毒感染，甚至刚刚完成杀毒工作的一台工作站也有可能被网上另一台工作站的带毒程序所传染。因此，仅对工作站进行杀毒处理并不能彻底解决网络病毒问题。

（四）扩散面广

由于病毒在网络中扩散非常快，扩散范围很大，不但能迅速传染局域网内所有计算机，还能通过远程工作站将病毒在一瞬间传播到千里之外。

（五）破坏性大

网络上的病毒将直接影响网络的工作，轻则降低速度，影响工作效率；重则造成网络系统瘫痪，破坏服务器系统资源，使众多工作毁于一旦。

四、计算机网络病毒的危害

在现阶段，由于计算机网络系统的各个组成部分、接口以及各连接层次的相互转换环节都不同程度地存在着某些漏洞和薄弱环节，而网络软件方面的保护机制也不完善，使得病毒通过感染网络服务器，进而在网络上快速蔓延，并影响到各网络用户的数据安全以及计算机的正常运行。一些良性病毒不直接破坏正常代码，只是为了表示它的存在，可能会干扰屏幕的显示，或使计算机的运行速度减慢。一些恶性病毒会明确地破坏计算机的系统资源和用户信息，造成无法弥补的损失。所以计算机网络一旦染上病毒，其影响要远比单机染毒更大，破坏性也更大。

计算机网络病毒的具体危害主要表现在以下几个方面。

①病毒发作对计算机数据信息的直接破坏。大部分病毒在发作时直接破坏计算机的重要信息数据，所利用的手段有格式化磁盘、改写文件分配表和目录区、删除重要文件或者用无意义的"垃圾"数据改写文件以及破坏CMOS设置等。

②占用磁盘空间和对信息的破坏。寄生在磁盘上的病毒总要非法占用一部分磁盘空间。引导型病毒由病毒本身占据磁盘引导扇区，而把原来的引导区转移到其他扇区，被覆盖的扇区数据永久性丢失，无法恢复。文件型病毒利用一些DOS功能进行传染，这些DOS功能可以检测出磁盘的未用空间，把病毒的传染部分写到磁盘的未用空间去，所以一般不破坏磁盘上的原有数据，只是非法侵占了磁盘空间。一些文件型病毒传染速度很快，在短时间内感染大量文件，每个文件都不同程度地加长了，造成磁盘空间的严重浪费。

③抢占系统资源。除极少数病毒外，大多数病毒在活动状态下都是常驻内存的，这就必然会抢占一部分系统资源。病毒所占用的内存长度大致与病毒本身长度相当。病毒抢占内存，导致内存减少，会使一部分较大的软件不能运行。此外，病毒还抢占中断，计算机操作系统的很多功能是通过中断调用技术来实现的，病毒为了传染发作，总是修改一些有关的中断地址，从而

干扰系统的正常运行。网络病毒会占用大量的网络资源，使网络通信变得极为缓慢，甚至无法使用。

④影响计算机运行速度。病毒进驻内存后不但干扰系统运行，还影响计算机运行速度，主要表现在：病毒为了判断传染发作条件，总要对计算机的工作状态进行监视，这对于计算机的正常运行既多余又有害。有些病毒为了保护自己，不但对磁盘上的静态病毒加密，而且进驻内存后的动态病毒也处在加密状态，CPU 每次寻址到病毒处都要运行一段解密程序把加密的病毒解密成合法的 CPU 指令再执行。而病毒运行结束时再用一段程序对病毒重新加密，这样 CPU 要额外执行数千条甚至上万条指令。另外，病毒在进行传染时同样要插入非法的额外操作，特别是传染软盘时不但使计算机速度明显变慢，而且软盘正常的读写顺序也会被打乱，发出刺耳的噪声。

⑤计算机病毒错误与不可预见的危害。计算机病毒与其他计算机软件的区别是病毒的无责任性。编制一个完善的计算机软件需要耗费大量的人力、物力，经过长时间调试测试；而病毒都是个别人在一台计算机上匆匆编制调试后就向外抛出。反病毒专家在分析大量病毒后发现，绝大部分病毒都存在不同程度的错误。

⑥病毒的另一个主要来源是变种病毒。有些计算机初学者尚不具备独立编制软件的能力，出于好奇修改别人的病毒，生成变种病毒，其中就隐含着很多错误。计算机病毒错误所产生的后果往往是不可预见的，有可能比病毒本身的危害还要大。

⑦计算机病毒给用户造成严重的心理压力。据有关计算机销售部门统计，用户怀疑"计算机有病毒"而提出咨询约占售后服务工作量的 60% 以上。经检测确实存在病毒的约占 70%，另有 30% 的情况只是用户怀疑有病毒。那么用户怀疑有病毒的理由是什么呢？多半是出现如计算机死机、软件运行异常等现象。这些现象确实很有可能是计算机病毒造成的，但又不全是。实际上在计算机工作异常的时候很难要求一位普通用户去准确判断是否为病毒所致。大多数用户对病毒采取宁可信其有的态度，这对于保护计算机安全无疑是十分必要的，然而往往要付出时间、金钱等代价。另外，仅仅因为怀疑有病毒而格式化磁盘所带来的损失更是难以弥补的。

总之，计算机病毒像幽灵一样笼罩在广大计算机用户的心头，给人们造成巨大的心理压力，极大地影响了计算机的使用效率，由此带来的无形损失是难以估量的。

第二节　典型病毒及其症状分析

一、CIH 病毒

（一）CIH 病毒简介

CIH 病毒是我国台湾地区一位名叫陈盈豪的大学生编写的。目前传播的主要途径是互联网和电子邮件。

CIH 病毒属于文件型病毒，主要感染 Windows 9X 下的可执行文件。CIH 病毒使用了面向 Windows 的 VxD 技术，这使得这种病毒传播的实时性和隐蔽性都很强。

CIH 病毒至少有 v1.0、v1.1、v1.2、v1.3、v1.4 等 5 个版本。v1.0 版本是最初的 CIH 版本，不具有破坏性。v1.1 版本能自动判断运行系统，如是 Windows NT，则自我隐藏，被感染的文件长度并不增加。v1.2 版本增加了破坏用户硬盘及 BIOS 的代码，成为恶性病毒，发作日是每年 4 月 26 日。v1.3 版本发作日是每年 6 月 26 日。v1.4 版本发作日为每月 26 日。

（二）CIH 病毒的破坏性

CIH 病毒感染 Windows 可执行文件，却不感染 Word 和 Excel 文档。感染 Windows 9X 系统，却不感染 Windows NT 系统。

CIH 病毒采取一种特殊的方式对可执行文件进行感染，感染后的文件大小没有变化，病毒代码的大小在 1KB 左右。当一个已染毒的 exe 文件被执行时，CIH 病毒驻留内存，在其他程序访问时对它们进行感染。

CIH 最大的特点就是对计算机硬盘及 BIOS 具有超强的破坏能力。在病毒发作时，病毒从硬盘主引导区开始依次往硬盘中写入垃圾数据，直到硬盘数据全被破坏为止。因此，当 CIH 被发现时，硬盘数据已经遭到破坏，当用户想到要采取措施时，面临的可能已经是一台瘫痪的计算机了。

CIH 病毒发作时还试图覆盖 BIOS 中的数据。一旦 BIOS 被覆盖掉，机器将不能启动，只有对 BIOS 进行重写。

（三）判断感染 CIH 病毒的方法

有两种简单的方法可以判断是否已经感染上了 CIH 病毒。

①一般来讲，CIH 病毒只感染 .exe 可执行文件，可以用 Ultra Edit 打开一个常用的 .exe 文件（如记事本 notepad.exe 或写字板 wordpad.exe），然后单击"切换十六进制模式按钮（H）"，再查找 "CIHv1."，如果发现 "CIHv1.2" "CIHv1.3"

或"CIHvl.4"等字符串,则说明计算机已经感染 CIH 病毒了。

②感染了 CIHvl.2 版,则所有 WinZip 自解压文件均无法自动解开,同时会出现信息:"WinZip 自解压首部中断。可能原因:磁盘或文件传输错误。"感染了 CIHvl.3 版,则部分 WinZip 自解压文件无法自动解开。如果遇到以上情况,有可能已感染 CIH 病毒了。

（四）防范 CIH 病毒的措施

首先,应了解 CIH 病毒的发作时间,如每年的 4 月 26 日、6 月 26 日及每月 26 日。在病毒爆发前夕,提前进行查毒、杀毒,同时将系统时间改为其后的时间,如 27 日。

其次,杜绝使用盗版软件,尽量使用正版杀毒软件,并在更新系统或安装新的软件前,对系统或新软件进行一次全面的病毒检查,做到防患于未然。

最后,一定要对重要文件经常进行备份,万一计算机被病毒破坏还可以及时恢复。

（五）感染了 CIH 病毒的处理

首先,注意保护主板的 BIOS。应了解自己计算机主板的 BIOS 类型,如果是不可升级的,用户不必惊慌,因为 CIH 病毒对这种 BIOS 的最大危害,就是使 BIOS 返回到出厂时的设置,用户只要将 BIOS 重新设置即可。如果 BIOS 是可升级的,用户就不要轻易地从 C 盘重新启动计算机（否则 BIOS 就会被破坏）,而应及时地进入 BIOS 设置程序,将系统引导盘设置为 A 盘,然后用 Windows 的系统引导软盘启动系统到 DOS 7.0,对硬盘进行一次全面查毒。

其次,由于 CIH 病毒主要感染可执行文件,不感染其他文件,因此用户在彻底清除硬盘所有的 CIH 病毒后,应该重新安装系统软件和应用软件。

最后,如果硬盘数据遭到破坏,可以直接使用瑞星等杀毒软件来恢复。用瑞星杀毒软件软盘来启动计算机,进入瑞星杀毒软件 DOS 版界面,选择"实用工具"菜单中的"修复硬盘数据"命令,根据提示操作,就可以对硬盘进行恢复。恢复完毕后,重启计算机,数据将会失而复得;也可以登录瑞星网站下载硬盘修复专用工具完成数据的恢复。

二、宏病毒

（一）宏病毒简介

宏病毒是一种使用宏编程语言编写的病毒,主要寄生于 Word 文档或模板的宏中。一旦打开这样的文档，宏病毒就会被激活，进入计算机内存，并驻留在 Normal 模板上。从此以后，所有自动保存的文档都会感染上宏病毒，如果网上其他用户打开了感染病毒的文档，宏病毒又会转移到他的计算机上。宏病毒通常使用 VB 脚本影响微软的 Office 组件或类似的应用软件，其大多通过邮件传播。

（二）宏病毒的特点

1. 感染数据文件

以往病毒只感染程序，不感染数据文件，而宏病毒专门感染数据文件，彻底改变了人们对"数据文件不会传播病毒"的错误认识。

2. 多平台交叉感染

宏病毒冲破了以往病毒在单一平台上传播的局限。当 Word、Excel 这类著名应用软件在不同平台上运行时，会被宏病毒交叉感染。

3. 容易编写

以往病毒是以二进制的机器码形式出现的，而宏病毒则以人们容易阅读的源代码形式出现，所以编写和修改宏病毒比以往更容易。这也是前几年宏病毒的数量居高不下的原因。

4. 容易传播

只要一打开带有宏病毒的电子邮件，计算机就会被宏病毒感染。此后，打开或新建文件都可能染上宏病毒，这导致了宏病毒的感染率非常高。

（三）宏病毒的预防

防治宏病毒的根本措施在于限制宏的执行。以下是一些行之有效的方法。

①禁止所有自动宏的执行。在打开 Word 文档时，按住"Shift"键，即可禁止自动宏，从而达到防治宏病毒的目的。

②检查是否存在可疑的宏。当怀疑系统带有宏病毒时，首先应检查是否存在可疑的宏，特别是一些奇怪名字的宏肯定是病毒无疑，将它删除即可。即使删除错了，也不会对 Word 文档内容产生任何影响，仅仅是少了相应的"宏功能"而已。具体做法是，选择"工具"菜单中的"宏"命令，打开"宏"对话框，选择要删除的宏，单击"删除"按钮即可。

③按照自己的习惯设置。针对宏病毒感染 Normal.dot 模板的特点，可重新安装 Word 后，建立一个新文档，将 Word 的工作环境按照自己的使用习惯进行设置，并将需要使用的宏一次编制好，做完后保存新文档。这时生成的

Normal.dot 模板绝对没有宏病毒，可将其作备份。在遇到有宏病毒感染时，用备份的 Normal.dot 模板覆盖当前的模板，消除宏病毒。

④使用 Windows 自带的写字板。在使用可能有宏病毒的 Word 文档时，先用 Windows 自带的写字板打开文档，将其转换为写字板格式的文件保存后，再用 Word 调用。因为写字板不调用、不保存任何宏，文档经过这样的转换，所有附带的宏（包括宏病毒）都将丢失，这条经验特别有用。

⑤提示保存 Normal 模板。大部分 Word 用户仅使用普通的文字处理功能，很少使用宏编程，对 Normal.dot 模板很少去进行修改。因此，可以依次选择"工具"|"选项"命令，打开"保存"选项卡，选中"提示保存 Normal 模板"复选框。一旦宏病毒感染了 Word 文档，退出 Word 时，Word 就会出现"更改的内容会影响到公用模板 Normal，是否保存这些修改内容？"的提示信息，此时应单击"否"按钮，退出后进行杀毒。

⑥使用 .rtf 和 .csv 格式代替 .doc 和 .xls。要想应付宏所产生的问题，可以使用 .rtf 格式的文档来代替 .doc 格式，用 .csv 格式的电子表格来代替 .xls 格式，因为这些格式不支持宏功能。在与其他人交换文件时，使用 .rtf 和 .csv 格式的文件最安全。

三、蠕虫病毒

（一）蠕虫病毒的定义

蠕虫病毒是一种通过网络传播的恶性病毒，它通过分布式网络来扩散传播特定的信息或错误，进而造成网络服务遭到拒绝并发生死锁。

蠕虫病毒是一种广义的计算机病毒。但蠕虫病毒又与传统的病毒有许多不同之处，如不利用文件寄生、导致网络拒绝服务、与黑客技术相结合等。在产生的破坏性上，蠕虫病毒也不是普通病毒所能比拟的。

（二）蠕虫病毒的基本结构和传播过程

1. 蠕虫病毒的基本程序结构

（1）传播模块

传播模块负责蠕虫病毒的传播。传播模块又可以分为 3 个基本模块，即扫描模块、攻击模块和复制模块。

（2）隐藏模块

蠕虫病毒侵入主机后，隐藏模块隐藏蠕虫程序，防止被用户发现。

（3）目的功能模块

目的功能模块实现对计算机的控制、监视或破坏等功能。

2. 蠕虫病毒的一般传播过程

（1）扫描

蠕虫病毒的扫描模块负责探测存在漏洞的主机。当蠕虫病毒程序向某个主机发送探测漏洞的信息并收到成功的反馈信息后，就得到一个可传播的对象。

（2）攻击

攻击模块按漏洞攻击步骤自动攻击上一步骤中找到的对象，取得该主机的权限（一般为管理员权限），获得一个壳（Shell）。

（3）复制

复制模块通过原主机和新主机的交互将蠕虫病毒程序复制到新主机并启动。

可见，传播模块实现的实际上是自动入侵的功能，所以蠕虫病毒的传播技术是蠕虫病毒技术的核心。

四、木马

（一）木马的定义

木马全称为特洛伊木马，在计算机安全学中，特洛伊木马是一种计算机程序，表面上或实际上有某种有用的功能，而含有隐藏的可以控制用户计算机系统、危害系统安全的功能，可能造成用户资料的泄露、破坏或整个系统的崩溃。在一定程度上，木马也可以称为计算机病毒。

（二）木马的工作原理

在 Windows 系统中，木马一般作为一个网络服务程序在感染了木马的计算机后台运行，监听本机一些特定端口，这个端口号多数比较大。当该木马相应的客户端程序在此端口上请求连接时，它会与客户程序建立一个 TCP 连接，从而被客户端远程控制。

木马一般不会让人看出破绽，对于木马程序设计人员来说，要隐藏自己所设计的窗口程序，主要途径有：在任务栏中将窗口隐藏，这个只要把 Form 的 Visible 属性调整为"False"，ShowInTaskBar 属性也设置为"False"，那么程序运行时就不会出现在任务栏中了。如果要在任务管理器中隐身，只要将程序调整为系统服务程序即可。

木马是在计算机刚开机的时候运行的，进而常驻内存。其大都采用了 Windows 系统启动时自动加载应用程序的方法，包括 WIN.INI、SYSTEM.INI 和注册表等。

在 WIN.INI 文件的 [Windows] 下面，"run="和"load="行是 Windows 启动时要自动加载运行的程序项目，木马可能会在这里现出原形。一般情况下,它们的等号后面什么都没有,如果发现后面跟有路径与文件名,而且不是熟悉的或以前没有见过的启动文件项目,那么该计算机就有可能中木马了。当然也得看清楚,因为好多木马还通过其容易混淆的文件名来愚弄用户。例如,"AOL Trojan"把自身伪装成"command.exe"文件,如果不注意可能不会发现它,而误认它为正常的系统启动文件。

在 SYSTEM.INI 文件的 [Boot] 下面有"shell=explorer.exe"项。如果等号后面不仅仅是"explorer.exe",而是"shell=explorer.exe 程序名",那么后面跟着的那个程序就是木马程序,说明该计算机中了木马。

隐蔽性强的木马都在注册表中做文章,因为注册表本身就非常庞大,众多的启动项目极易掩人耳目。

"HKEY-LOCAL-MACHINE\Software\Microsoft\Windows\Current Version\Run"

"HKEY-LOCAL-MACHINE\Software\Microsoft\Windows\Current Version\RunOnce"

"HKEY-LOCAL-MACHINE\Software\Microsoft\Windows\Current Version\RunOnceEx"

"HKEY-LOCAL-MACHINE\Software\Microsoft\Windows\Current Version\RunServices"

"HKEY-LOCAL-MACHINE\Software\Microsoft\Windows\Current Version\RunServicesOnce"

上面这些主键下面的启动项目都可以成为木马的藏身之处。如果是 Windows NT,那还得注意"HKEY-LOCAL-MACHINE\Software\SAM"下的内容,通过 regedit 等注册表编辑工具查看"SAM"主键,里面应该是空的。

木马驻留在计算机内存以后,还要有客户端程序来控制才可以进行相应的"黑箱"操作。客户端要与木马服务器端进行通信就必须建立连接(一般为 TCP 连接),通过相应的程序或工具都可以检测到这些非法网络连接的存在。

(三)木马病毒的删除

首先要将网络断开,以排除来自网络的影响,再选择相应的方法删除它。

1. 通过木马的客户端程序删除

根据前面在 WIN.INI、SYSTEM.INI 和注册表中查找到的可疑文件名判断木马的名字和版本,比如"netbus""netspy"等,对应的木马就是 NETBUS 和 NETSPY。从网上找到其相应的客户端程序,下载并运行该程序,在客户端程序对应位置填入本地计算机地址 127.0.0.1 和端口号，就可以与木马程序建立连接，再由客户端的卸除木马服务器的功能来卸除木马。端口号可用"netstat-a"命令查找。

这种方法清除木马最容易，相对来说也比较彻底。但还存在一些弊端，如果木马文件名被更名，就无法通过这些特征来判断到底是什么木马了。如果木马被设置了密码，即使客户端程序可以连接上，没有密码也登录不进本地计算机。另外，如果该木马的客户端程序没有提供卸载木马的功能，那么该方法就无效了。

2. 手工删除

如果不知道中的是什么木马、无登录的密码、找不到其相应的客户端程序等，那就只能手工删除木马了。

通过输入"msconfig"命令打开系统配置实用程序，对 WIN.INI、SYSTEM.INI 和启动项目进行编辑。屏蔽掉非法启动项。如在 WIN.INI 文件中，将"Windows"选项的"run=xxx"或"load=xxx"更改为"run="和"load="；编辑 SYSTEM.INI 文件，将"Boot"选项的"shell=xxx"更改为"shell=Explorer.exe"。

通过输入"regedit"命令打开注册表编辑器，对注册表进行编辑。先由上面的方法找到木马的程序名，再在整个注册表中搜索，并删除所有木马项目。由查找到的木马程序注册项，分析木马文件在硬盘中的位置。启动到纯 MS-DOS 状态（而不是在 Windows 环境中开个 MS-DOS 窗口），用 del 命令将木马文件删除。如果木马文件是系统、隐藏或只读文件，还要通过输入"attrib-s-h-r"命令将对应文件的属性改变，才可以删除。

为保险起见，重新启动以后再由上面各种检测木马的方法对系统进行检查，以确保木马的确被删除了。

目前也有一些木马将自身的程序与 Windows 的系统程序进行了绑定（也就是感染了系统文件）。比如常用到的 explorer.exe，只要 explorer.exe 一运行，木马也就启动了。这种木马可以感染可执行文件。由手工删除文件的方法处理木马后，一运行 explorer.exe，木马又得以复生，这时要删除木马就得连 explorer.exe 文件一起删除掉，再从其他相同操作系统版本的计算机中将该文件复制过来。

五、计算机病毒的症状

计算机病毒是一段程序代码，虽然可能隐藏得很好，但也会留下蛛丝马迹。通过对这些痕迹的观察和判别，就能够发现病毒。

根据病毒感染和发作的阶段，计算机病毒的症状可以分为3个阶段，计算机病毒发作前症状、病毒发作时症状和病毒发作后症状。

（一）病毒发作前的症状

病毒发作前是从计算机病毒感染计算机系统、潜伏在系统内开始，一直到激发条件满足、计算机病毒发作之前的一个阶段。在这个阶段，计算机病毒的行为主要以潜伏和传播为主。计算机病毒会以各种手法来隐藏自己，在不被发现的同时，又自我复制，以各种手段进行传播。

计算机病毒发作前常见的症状如下。

①计算机运行速度变慢。在硬件设备没有损坏或更换的情况下，本来运行速度很快的计算机，速度明显变慢，而且重启后依然很慢。这很可能是计算机病毒占用了大量的系统资源，并且自身的运行占用了大量的处理器时间，造成系统资源不足所致。

②以前能正常运行的软件经常发生内存不足的错误。某个以前能够正常运行的程序，程序激活时或使用应用程序中的某个功能时报告内存不足。这很可能是由于计算机病毒驻留后占用了大量内存空间造成的。

③运行正常的计算机经常死机。病毒感染了计算机系统后，将自身驻留在系统内并修改了中断处理程序等，引起系统工作不稳定，造成死机现象。

④操作系统无法正常激活。关机后再激活，操作系统报告缺少必要的激活文件，或激活文件受损，系统无法激活。这很可能是因为计算机病毒感染系统文件后使文件结构发生了变化，无法被操作系统加载和引导。

⑤打印和通信发生异常。在硬件没有更改或损坏的情况下，以前工作正常的打印机，突然发现无法进行打印，或打印出来的是乱码。串口设备无法正常工作，如调制解调器不拨号等。这很可能是计算机病毒驻留内存后占用了打印端口、串行通信端口的中断服务程序，使之不能正常工作。

（二）病毒发作时的症状

病毒发作时是满足计算机病毒发作的条件，病毒被激活，并开始破坏行为的阶段。计算机病毒发作时的表现各不相同，这与计算机病毒编写者的心态、所采用的技术手段等密切相关。

计算机病毒发作时常见的症状如下。

①出现不相干的语句。这是最常见的一种现象。

②播放一段音乐。这类病毒大多属于良性病毒。

③产生特定的图像。单纯地产生图像的计算机病毒大多也是良性病毒，只是在发作时破坏用户的显示界面，干扰用户的正常工作。

④扰乱屏幕显示。病毒被激活时，会有多种扰乱屏幕显示的现象发生，如病毒使屏幕显示内容不断抖动等。

⑤硬盘灯不断闪烁。硬盘灯闪烁说明有硬盘读、写操作。当对硬盘有持续、大量的操作时，硬盘灯就会不停地闪烁，如格式化或者写入很大的文件，或者对某个硬盘扇区或文件反复读取。

⑥破坏写盘操作。病毒被激活时计算机不能写盘，或者写操作改为读操作，或者在写盘时丢失写入文件的部分内容。

⑦速度下降。病毒激活时，病毒内部的时间延迟程序启动。在时钟中断中纳入了长时间的循环计算，迫使计算机空转，速度明显下降。

⑧破坏键盘输入。病毒激活时，会对键盘的输入进行破坏。常见的现象有每按一次键时扬声器响一声，病毒将键盘封住使用户无法从键盘输入数据等。

⑨扬声器中发出异样的声音。病毒发作时，有时会使扬声器中发出异样的声音，如警笛声、炸弹声、咔咔声、嘀嗒声等。

⑩占用或侵蚀大量内存。

⑪发出虚假警报。

⑫干扰内部命令的执行。病毒发作时，有时会干扰 DOS 内部命令的执行，使计算机死机或不能正常工作。

⑬计算机突然死机或重启。

⑭强迫用户玩游戏。有些恶作剧式的计算机病毒发作时，采用某些算法简单的游戏来中断用户的工作，强迫用户一定要玩赢了才能继续工作。

⑮攻击 CMOS。在计算机的 CMOS 区中，存有系统的重要设置数据，如系统时钟、磁盘类型、显示器类型、内存容量、加密的机器密码等。有的病毒被激活时，能够对 CMOS 区进行写入动作，破坏其中的重要数据。

⑯破坏文件。病毒激活时，有时会使用户打不开文件，或删除欲运行的文件；有时会保持文件的名称不变，而用其他的程序内容替换现在正在执行的文件；有时也会更改文件名。

⑰时钟倒转。

⑱Windows 桌面图标发生变化。

⑲自动发送电子邮件。

⑳鼠标自己动。

㉑干扰打印机。病毒会修改系统数据区中有关打印机的参数，使系统对打印机的控制紊乱，出现虚假报警。病毒使打印机打印输出异常，打印时断时续。病毒将发送给打印机的字符进行替换，使打印的内容变形。

（三）病毒发作后的症状

大多数计算机病毒都属于恶性病毒，恶性病毒发作后往往会带来巨大损失。

①硬盘无法激活，数据丢失。硬盘的引导扇区被病毒破坏，无法激活计算机。有些计算机病毒修改硬盘的关键内容，使得原先保存在硬盘上的数据几乎完全丢失。

②以前能正常运行的应用程序经常发生死机或者非法错误。这可能是由计算机病毒感染应用程序后破坏了应用程序的正常功能，或者计算机病毒程序本身存在着兼容性方面的问题造成的。

③系统文件丢失或被破坏。通常系统文件是不会被删除或修改的，除非对计算机操作系统进行升级。但是某些计算机病毒发作时会删除或破坏系统文件，使计算机系统无法正常激活。

④文件目录发生混乱。目录发生混乱有两种情况：一种是确实将目录结构破坏，将目录扇区作为普通扇区，填入无意义的数据，且无法恢复；另一种是将真正的目录区转移到硬盘的其他扇区中，只要内存中存有该病毒，它就能够将正确的目录扇区读出，并且在应用程序需要访问该目录时提供正确的目录项，使得从表面上看来与正常情况没有两样，但是，一旦内存中没有该计算机病毒，通常的目录访问方式将无法访问到原先的目录扇区，但这种破坏还是能够恢复的。

⑤病毒破坏宿主程序。病毒对宿主程序的感染采用覆盖重写的方法，被覆盖宿主程序的源代码丢失，主程序被永久性损坏。病毒还能使宿主程序变成碎片。此类病毒是恶性病毒，宿主程序染毒后只能被删除。病毒的感染频率越高，其杀伤力越大。

⑥部分文档丢失或被破坏。

⑦文件内容颠倒。在使用这些文件之前，病毒预先将其内容恢复原样，而使用户觉察不到。这些文件是以被病毒颠倒后的形态存入磁盘的。一旦消除了病毒，由于无法恢复原内容，这些文件将全部报废。

⑧部分文件自动加密码。有些计算机病毒利用加密算法，将加密密钥保存在病毒程序体内或其他隐蔽的地方，被感染的文件被加密，如果内存中驻留有这种病毒，那么在系统访问被感染的文件时它自动将文件解密，使用户察觉不到。一旦这种计算机病毒被清除，那么被加密的文档就很难恢复。

⑨内部堆栈溢出。MS-DOS 系统内部有几个内部堆栈，不同类型的功能调用不同的内部堆栈。DOS 的不可重入，就是因为内部堆栈的值遭到破坏。

有的病毒会导致 DOS 内部堆栈溢出。

⑩计算机重新激活时格式化硬盘。autoexec.bat 文件在每次系统重新激活时都会自动运行，病毒修改这个文件，并增加"Format C："项，导致计算机重新激活时硬盘被格式化。

⑪禁止分配内存。病毒常驻内存后，监视程序的运行，凡是要求分配内存的程序，运行将受阻。

⑫破坏主板。目前新型主板采用"软跳线"连接的越来越多，这正好给病毒以可乘之机。"软跳线"可以在 BIOS 中改动 CPU 的电压、外频和倍频。病毒可以通过修改 BIOS 参数，加高 CPU 电压使其过热而烧坏，或提高 CPU 的外频，使 CPU 和显卡、内存等外设超负荷工作而烧坏，这类事件的前兆就是死机。所以，如果发现机器经常死机，就要立即到 CMOS 中查看以上参数是否被改动。值得庆幸的是，目前很多新出的主板都有 CPU 温度监测功能，一旦 CPU 超温就立即降频报警，以免烧坏硬件。

⑬破坏光驱。光驱中的光头在读不到信号时就会加大激光发射功率，因而会降低光驱的寿命。病毒可以让光头走到盘片边缘无信号区域时不停地读盘，以加大光头发射功率，从而损坏光驱。因此要经常留意光驱灯的闪亮情况，判断光驱是否正常工作。

⑭破坏显卡。目前很多中、高档显卡都可以手动改变其芯片的频率，且修改的方法比较简单，在 Windows 9X 注册表中，即可修改。这使病毒可以利用这种方法改动显卡的"显频"，以迫使显卡超负荷工作直至烧坏。这种事件的前兆也是死机。所以，死机时不要忽视对"显频"的检查。

⑮花屏。如果显示器在使用过程中出现了花屏，要立即关掉显示器的电源，重新启动后进入安全模式再查找原因。

⑯浪费喷墨打印机的墨水。喷墨打印机的喷头很容易堵塞，为此打印机公司专门发明了浪费墨水的"清洗喷头"功能，即让大量墨水冲出喷头，清除杂物。于是病毒便趁此机会一次次调用该功能。预防这种病毒的唯一办法就是打印机不用时就关掉。其实只要经常注意打印机上的模式灯就可以了，清洗喷头时它通常是一闪一闪的。另外，还要仔细倾听它的声音，清洗喷头时打印头为了加热总会来回走动几下。

⑰系统文件的时间、日期、大小发生变化。这是最明显的计算机病毒感染迹象。计算机病毒感染应用程序文件后，会将自身隐藏在原始文件的后面，文件大小会有所增加，文件的访问、修改日期和时间也会被改为感染时的时间。

⑱Word 文档打开后，该文件另存时只能以模板方式保存。这往往是打

开的 Word 文档中感染了 Word 宏病毒的缘故。

⑲磁盘空间迅速减少。这可能是由计算机病毒感染造成的。经常浏览网页、回收站中的文件过多、临时文件夹中的文件数量过多过大、计算机系统有过意外断电等情况也可能会造成可用的磁盘空间迅速减少。另外，在 Windows 95/98 下内存交换文件会随着应用程序运行的时间和进程的数量增加而增长，同时，运行的应用程序数量越多，内存交换文件就越大。

⑳网络驱动器卷或共享目录无法调用。这可能造成有读权限的网络驱动器卷、共享目录等无法打开、浏览文件，或者有写权限的网络驱动器卷、共享目录等无法创建、修改文件。虽然目前很少有纯粹针对网络驱动器卷和共享目录的计算机病毒，但计算机病毒的某些行为可能会影响对网络驱动器卷和共享目录的正常访问。

㉑基本内存发生变化。在 DOS 下用 "mem/c/p" 命令查看系统中内存使用状况时，发现基本内存总字节数比正常的 640KB 要小，一般少 1～2KB。这通常是由计算机系统感染了引导型计算机病毒所造成的。

㉒收到陌生人发来的电子邮件。

㉓自动链接到一些陌生的网站。

第三节　计算机网络病毒的保护策略

网络反病毒技术包括预防病毒、检测病毒和杀毒 3 种技术。

①预防病毒技术。它通过自身常驻系统内存，优先获得系统的控制权，监视和判断系统中是否有病毒存在，进而阻止计算机病毒进入计算机系统对系统进行破坏。

②检测病毒技术。它是通过病毒的特征来判断病毒行为、类型等的技术。

③杀毒技术。它通过对计算机病毒的分析，开发出具有删除病毒程序并恢复源文件的软件。

病毒的繁衍方式、传播方式不断地变化，反病毒技术也应该在与病毒对抗的同时不断推陈出新。"预防为主，治疗为辅"这一方针也完全适用于计算机病毒的处理。

一、预防病毒技术

防治感染病毒主要有两种手段：一种手段是用户遵守和加强安全操作控制措施，在思想上要重视病毒可能造成的危害；另一种手段是在安全操作的基础上，使用硬件和软件防病毒工具，利用网络的优势，把防病毒纳入网络安全体系，形成一套完整的安全机制，使病毒无法逾越计算机安全保护的屏障，病毒便无法广泛传播。实践证明，通过这些防护措施和手段，可以有效地降低计算机系统被病毒感染的概率，保障系统的安全、稳定运行。

（一）病毒预防

对病毒的预防在病毒防治工作中起主导作用。病毒预防是一个主动的过程，它不是针对某一种病毒，而是针对病毒可能入侵的系统薄弱环节加以保护和监控的；而病毒治疗属于一个被动的过程，只有在对发现的病毒进行研究以后，才能找到相应的治疗方法，这也是杀毒软件总是落后于病毒软件的原因。所以，病毒的防治重点应放在预防上。

预防计算机病毒要从以下几个方面着手。

1. 检查外来文件

对从网络上下载的程序和文档应十分小心。在执行文件或打开文档之前，应检查是否有病毒。使用抗病毒软件动态检测来自互联网（含 E-mail）的所有文件。电子邮件的附件必须检查病毒后再打开，并在发送邮件之前检查病毒。从外部取得的光盘及下载的文档，应检查病毒后再使用。压缩后的文件应解压缩后检查病毒。

2. 局域网预防

为减少服务器上文件感染的危险，网络管理员应使用以下一些网络安全措施：

①用户访问约束，对可执行文件设置"read only"或"execute only"权限；

②使用抗病毒软件动态检查使用的文件；

③用抗病毒软件经常扫描服务器，及时发现问题和解决问题；

④使用无盘工作站可以降低计算机网络感染的风险。

在网络上运行一个新软件之前，断开网络，在单独的计算机上运行测试，如果确认没有病毒，再到网络上运行。

3. 购买正版软件

购买或复制正版软件，可以降低感染的风险。另外，到可信赖的站点下载资源，但如何确定一个站点是安全的，目前还没有有效的方法。

4. 小心运行可执行文件

即使该文件是从文件服务器上下载的，也不要运行没有确认的文件。使用从可靠站点下载的程序，同时用抗病毒软件进行检测。如果该文件是从BBS或新闻组下载的，也不要匆忙运行。等一段时间，看有没有该类文件含病毒的报道。

使用一些能够驻留内存的防病毒软件,一旦被感染的文件执行,抗病毒软件会检测到该病毒,并阻止其继续运行。

5. 使用数据完整性验证工具

这些工具保存磁盘系统区的数据和文件信息(校验和、大小、属性、最近修改时间等),周期性地比较这些信息,发现不一致,则可能存在病毒或者木马。经常使用 MEM、CHKDSK 及 PCTOOLS 等工具检查内存的使用情况,若基本内存少于 640KB,则有中毒的可能。

6. 周期性备份工作文件

备份源代码文件、数据库文件和文档文件等的开销远小于病毒感染后恢复它们的开销。

7. 留心计算机出现的异常

计算机异常包括操作突然中止、系统无法启动、文件消失、文件属性自动变更、程序大小和时间出现异常、非使用者意图的计算机自行操作、计算机有不明音乐传出或死机,硬盘的指示灯持续闪烁、系统的运行速度明显变慢及上网速度缓慢等。当发现硬盘资料已遭到破坏时,不必急忙格式化硬盘,因病毒不可能在短时间内将全部硬盘资料破坏,故可利用灾后重建的解毒程序加以分析,重建受损扇区。

8. 及时升级抗病毒工具的病毒特征库和有关的杀毒引擎

升级工作应形成一种制度,制定升级周期。利用安全扫描工具定时扫描系统和主机。若发现漏洞,及时寻找解决方案,从而减少被病毒和蠕虫感染的机会。

9. 建立健全网络系统安全管理制度,严格操作规程和规章制度

管理好共享的个人计算机,确认何人、何时、作何使用等。在整个网络中采用抗病毒的纵深防御策略,建立病毒防火墙,在局域网和互联网以及用户和网络之间进行隔离。

此外,还有其他的预防措施,如不需要每次从软盘启动、不要依赖于 BIOS 内置的病毒防护、不要过分相信文档编辑器内置的宏病毒保护等。

当使用一种能查能杀的抗病毒软件时,最好是先查毒,找到带毒文件后,再确定是否进行杀毒操作。因为查毒不是危险操作,它可能产生误报,但绝不会对系统造成任何损坏,而杀毒是危险操作,有可能破坏程序。

（二）网络病毒的防治

1. 基于工作站的防治方法

工作站是网络的门，只要将这扇门关好，就能有效地防止病毒的入侵。单机反病毒手段，如单机反病毒软件、防病毒卡等同样可保护工作站的内存和硬盘，因而这些手段在网络反病毒大战中仍然大有用武之地，在一定程度上可以有效阻止病毒在网络中的传播。

由于受硬件防毒技术的影响，反病毒专家还推出了另一种基于工作站的病毒防治方法，这就是工作站病毒防护芯片。

这种方法是将防病毒功能集成在一个芯片上，安装于网络工作站，以便经常性地保护工作站及其通往服务器的途径，其基本原理是基于网络上的每个工作站都要求安装网络接口卡，而网络接口卡上有一个 Boot ROM 芯片，因为多数网卡的 Boot ROM 芯片并没有充分利用，都会剩余一些使用空间，所以如果防毒程序够小，就可以安装在 Boot ROM 芯片的剩余空间内，而不必另插一块芯片。这样，将工作站存取控制与病毒保护能力合二为一，从而免去许多烦琐的管理工作。

市场上 Chipway 防毒芯片就是采用这种网络防毒技术的。在工作站 DOS 引导过程中，ROMBIOS、Extended BIOS 装入后，Partition Tab 装入前，Chipway 防毒芯片将会获得控制权，这样可以防止引导型病毒入侵。

Chipway 防毒芯片特点如下：

①不占主板插槽，避免了冲突；

②遵循网络上国际标准；

③具有其他工作站的防毒产品的优点。

2. 基于服务器的防治方法

服务器是网络的核心，一旦服务器被病毒感染，就会使整个网络陷于瘫痪。目前，基于服务器的防治病毒方法大都采用了以可装载模块（NLM）技术进行程序设计，以服务器为基础，提供实时扫描病毒能力。

市场上较有代表性的产品如英特尔公司的 LANdesk Virus Protect、赛门铁克公司的 Center PointAnti-Virus、软件国际公司的 Dr. Solomon's Anti-Virus Toolkit，以及我国北京威尔德计算机公司的 LANClear For Netware 等都采用了以服务器为基础的防病毒技术。这些产品的目的都是保护服务器，使服务器不被感染。

基于网络服务器的实时扫描病毒的防护技术一般具有以下功能。

①扫描范围广。采用此技术，可随时对服务器中的所有文件实施扫描，

并检查其是否带毒。若有带毒文件，则向网络管理员提供几种处理方法，允许用户清除病毒，或删除带毒文件，或更改带毒文件名成为不可执行文件名，并隔离到一个特定的病毒文件目录。

②实时在线扫描。网络病毒技术必须保持全天 24 小时监控网络中是否有带毒文件进入服务器。为保证病毒监测的实时性，通常采用多线索的设计方法，让检测程序作为一个可以随时激活的功能模块。

③服务器扫描选择。该功能允许网络管理员定期检查服务器中是否带毒，例如可按每月、每星期、每天集中扫描网络服务器。

④自动报告功能及病毒存档。当带毒文件有意或无意间被复制到服务器中时，网络防病毒系统必须立即通知网络管理员，同时记入档案。病毒档案一般包括病毒类型、病毒名称、带毒文件所存的目录及工作站标识等，另外还登记对病毒的处理方法。

⑤工作站扫描。考虑到基于服务器的防病毒软件不能保护本地工作站硬盘，有效方法是在服务器上安装防毒软件，同时在网上的工作站内存中调入常驻扫描程序，实时检测在工作站中运行的程序，如 LANdesk Virus Protect 采用 LPScan 程序、LANClear For Netware 采用 World 程序等。

⑥对用户开放的病毒特征接口。若使防病毒系统能对付不断出现的新病毒，就要求开发商能够使自己的产品具有自动升级功能，其典型的做法是开放病毒特征数据库。用户随时将遇到的带毒文件，经过病毒特征分析程序，自动将病毒特征加入特征库，以随时增强抗毒能力。

基于网络服务器的防治病毒方法的优点主要表现在不占用工作站的内存，可以集中扫毒，能实现实时扫描功能，以及软件安装和升级都很方便等。特别是联网机器很多时，利用这种方法比为每台工作站都安装防病毒产品要节省成本。

病毒的入侵必将对系统资源构成威胁，即使是良性病毒也要侵吞系统的宝贵资源，因此防治病毒入侵要比病毒入侵后再加以清除重要得多。抗病毒技术必须建立"预防为主，消灭结合"的基本观念。

二、检测病毒技术

要判断一个计算机系统是否感染病毒，首先要进行病毒检测，检测到病毒的存在后才能对病毒进行消除和预防，所以病毒的检测是至关重要的。通过检测及早发现病毒，并及时进行处理，可以有效地抑制病毒的蔓延，尽可能地减少损失。

检测计算机上是否被病毒感染，通常可以分为两种方法，即手工检测和自动检测。

①手工检测通过一些工具软件，如 Debug.com、Pctools.exe、Nu.com 和 Sysinfo.exe 等进行病毒的检测。其基本过程是利用这些工具软件，对易遭病毒攻击和修改的内存及磁盘的相关部分进行检测，通过与正常情况下的状态进行对比来判断是否被病毒感染。这种方法要求检测者熟悉计算机指令和操作系统，操作比较复杂，容易出错且效率较低，适合计算机专业人员使用，因而无法普及。但是，使用该方法可以检测和识别未知的病毒，以及检测一些自动检测工具不能识别的新病毒。

②自动检测通过一些诊断软件和杀毒软件，如使用瑞星、金山毒霸、江民杀毒软件等，来判断一个系统或磁盘是否有毒。该方法可以方便地检测大量病毒，且操作简单，一般用户都可以操作。但是，自动检测工具只能识别已知的病毒，而且它的发展总是滞后于病毒的发展的，所以自动检测工具对相对数量的病毒不能识别。

对病毒进行检测可以采用手工方法和自动方法相结合的方式。检测病毒的技术和方法主要有以下几种。

（1）比较法

比较法是将原始备份与被检测的引导扇区或被检测的文件进行比较。比较时可以利用打印的代码清单（比如 Debug 的 D 命令输出格式）进行比较，或用程序（如 DOS 的 DISKCOMP、COMP 或 PCTOOLS 等软件）来进行比较。这种比较法不需要专门的查杀计算机病毒程序，只要用常规 DOS 软件和 PCTOOLS 等工具软件就可以进行，而且用这种比较法还可以发现那些尚不能被现有的查毒程序发现的计算机病毒。因为计算机病毒传播得很快，新的计算机病毒层出不穷，而且目前还没有研究出通用的能查出一切计算机病毒，或通过代码分析可以判定某个程序中是否含有计算机病毒的查毒程序，发现新计算机病毒就只能依靠比较法和分析法，有时必须将二者结合起来一同使用。

使用比较法能发现异常，如文件长度改变，或虽然文件长度未发生变化，但文件内的程序代码发生了变化。对硬盘主引导扇区或对 DOS 的引导扇区做检查，比较法能发现其中的程序代码是否发生了变化。由于要进行比较，保存好原始备份是非常重要的，制作备份时必须在无计算机病毒的环境下进行，制作好的备份必须妥善保管，贴上标签，并加上写保护。

比较法的优点是简单、方便，不需要专用软件。缺点是无法确认计算机病毒的种类和名称。另外，造成被检测程序与原始备份之间差别的原因尚需进一步验证，以查明是由计算机病毒造成的，还是由 DOS 数据被偶然原因，如突然停电、程序失控、恶意程序破坏等造成的。此外，当找不到原始备份时，用比较法也不能马上得到结论，因此制作和保留原始主引导扇区和其他数据备份是至关重要的。

（2）特征代码法

特征代码法是用每一种计算机病毒体含有的特定字符串对被检测的对象进行扫描的病毒检测方法。如果在被检测对象内部发现了某一种特定字符串，就表明发现了该字符串所代表的计算机病毒，这种计算机病毒扫描软件称为 Virus Scanner。

计算机病毒扫描软件由两部分组成：一部分是计算机病毒代码库，含有经过特别选定的各种计算机病毒的代码串；另一部分是利用该代码库进行扫描的程序，目前常见的对已知计算机病毒进行检测的软件大多采用这种方法。计算机病毒扫描程序能识别的计算机病毒的数目完全取决于病毒代码库内所含病毒的种类多少。显然，库中病毒代码种类越多，扫描程序能识别的计算机病毒就越多。

计算机病毒代码串的选择是非常重要的。如果随意从计算机病毒体内选一段作为代表该计算机病毒的特征代码串，由于在不同的环境中，该特征串可能并不真正具有代表性，因而，随意从计算机病毒体内选一段作为计算机病毒代码库的特征串是不合适的。

另一种情况是代码串不应含有计算机病毒的数据区，因为数据区是会经常变化的。代码串一定要在仔细分析程序之后选出最具代表特性的，足以将该计算机病毒区别于其他计算机病毒的字符串。一般情况下，代码串由连续的若干个字节组成，但是有些扫描软件采用的是可变长串，即在串中包含有一个到几个模糊字节。扫描软件遇到这种串时，只要使除模糊字节之外的字符串都能完全匹配，就能判别出计算机病毒。

除了前面提到的特征串的规则外，最重要的一条是特征串必须能将计算机病毒与正常的非计算机病毒程序区分开。如果将非计算机病毒程序当成计算机病毒报告给用户，是假警报，就会使用户放松警惕，若真的计算机病毒一来，破坏就严重了，而且，若将假警报送给防杀计算机病毒的程序，会将正常程序"杀死"。

采用病毒特征代码法的检测工具，面对不断出现的新病毒，必须不断更新版本，否则检测工具会老化，逐渐失去实用价值。病毒特征代码法无法检测新出现的病毒。

特征代码法的实现步骤如下。

①采集已知病毒样本。如果病毒既感染.com文件又感染.exe文件,则要同时采集COM型病毒样本和EXE型病毒样本。

②在病毒样本中抽取特征代码,抽取的代码必须比较特殊,不大可能与普通正常程序代码相吻合。抽取的代码要有适当长度,既要维持特征代码的唯一性,在保持唯一性的前提下,又要尽量使特征代码长度短些,以减少空间与时间开销。在既感染.com文件又感染.exe文件的病毒样本中,要抽取两种样本共有的代码,并将特征代码纳入病毒数据库。

③打开被检测文件,在文件中搜索,检查文件中是否含有病毒数据库中的病毒特征代码。如果发现与病毒特征代码完全匹配的字串符,便可以断定被查文件感染何种病毒。特征代码法的优点是检测准确快速、可识别病毒的名称、误报警率低,依据检测结果可做解毒处理。特征代码法的缺点是不能检测未知病毒,且搜集已知病毒的特征代码费用开销大,在网络上效率低。

(3)分析法

分析法是防杀计算机病毒不可缺少的重要技术,任何一个性能优良的防杀计算机病毒系统的研制和开发都离不开专门人员对各种计算机病毒的详尽而准确的分析。

一般来说,使用分析法的人是防杀病毒的技术人员。使用分析法的步骤如下:

①确认被观察的磁盘引导扇区和程序中是否含有计算机病毒;

②确认计算机病毒的类型和种类,判定其是不是一种新的计算机病毒;

③弄清计算机病毒体的大致结构,提取用于特征识别的字符串或特征字,并添加到计算机病毒代码库供计算机病毒扫描和识别程序使用;

④详细分析计算机病毒代码,为制定相应的防杀计算机病毒措施制订方案。

使用分析法要求具有比较全面的有关计算机、DOS、Windows、网络等的结构和功能调用,以及与计算机病毒相关的各种知识,这是与其他检测计算机病毒方法的不同之处。

此外,还需要反汇编工具、二进制文件编辑器等用于分析的工具程序和专用的试验计算机。因为即使是很熟练的防杀计算机病毒技术人员,使用性能完善的分析软件,也不能保证在短时间内将计算机病毒代码完全分析清楚。而计算机病毒有可能在分析阶段继续传染甚至发作,把软盘、硬盘内的数据完全毁坏,这就要求分析工作必须在专门设立的试验计算机上进行。在不具备条件的情况下,不要轻易开始分析工作,很多计算机病毒采用了自加密、反跟踪等技术,使得分析计算机病毒的工作经常是冗长和枯燥的。特别是某些文件型计算机病毒的代码长度可达 10KB 以上,并与系统的层次关联,使详细的剖析工作十分复杂。

分析的步骤分为静态分析和动态分析两种。静态分析利用反汇编工具将计算机病毒代码打印成反汇编指令程序清单后进行分析,以便了解计算机病毒分成哪些模块,使用了哪些系统调用,采用了哪些技巧,并将计算机病毒感染文件的过程翻转为清除该计算机病毒、修复文件的过程。分析人员的素质越高,分析过程越快、理解越深。动态分析则利用 Debug 等调试工具在内存带毒的情况下,对计算机病毒做动态跟踪,观察计算机病毒的具体工作过程,以进一步在静态分析的基础上理解计算机病毒的工作原理。在计算机病毒编码比较简单的情况下,动态分析不是必要的;但当计算机病毒采用了较多的技术手段时,就需要使用动、静相结合的分析方法完成整个分析过程。

(4) 校验和法

计算正常文件的校验和,并将结果写入此文件或其他文件中保存,在文件使用过程中或使用之前,定期检查文件的校验和与原来保存的校验和是否一致,从而可以发现文件是否被感染,这种方法称为校验和法。在 SCAN 和 CPAV 工具的后期版本中除了病毒特征代码法外,还纳入校验和法,以提高其检测能力。

利用这种方法既能发现已知病毒,也能发现未知病毒,但是,它不能识别病毒类,不能报出病毒名称。由于病毒感染并非文件内容改变的唯一原因,文件内容的改变有可能是正常程序引起的,所以校验和法经常产生误报警,而且会影响文件的运行速度。

运用校验和法查杀病毒采用以下 3 种方式:

①在检测病毒工具中纳入校验和法,对被查文件计算其正常状态的校验和,将校验和值写入被查文件中或检测工具中,而后进行比较;

②在应用程序中,放入校验和法自我检查功能,将文件正常状态的校验和写入文件中,每当应用程序被启动时,比较现行校验和与原校验和值,实现应用程序的自检测;

③将校验和检查程序常驻内存,每当启动应用程序时,自动比较应用程序内部或其他文件中预先保存的校验和。

校验和法的优点是方法简单,能发现未知病毒,也能发现被查文件的细微变化。缺点是会误报警,不能识别病毒名称,不能对付隐蔽型病毒。

(5) 行为监测法

利用病毒的特有行为特征来监测病毒的方法,称为行为监测法。病毒具有某些共同行为,而且这些行为比较特殊。在正常程序中,这些行为比较罕见。

当程序运行时，监视其行为，如果发现病毒行为则立即报警。

监测病毒的行为特征如下。

①占有 INT13H。所有的引导型病毒，都攻击 Boot 扇区或主引导扇区。系统启动后，当 Boot 扇区或主引导扇区获得执行权时，一般引导型病毒都会占用 INT13H 功能，并在其中放置病毒所需的代码。

②修改 DOS 系统数据区的内存总量。病毒常驻内存后，为防止 DOS 系统将其覆盖，必须修改系统内存总量。

③对 .com、.exe 文件进行写入操作。病毒要感染，必须写入 .com、.exe 文件。

④病毒程序与宿主程序进行切换。行为监测法的优点是可发现未知病毒，能够相当准确地预报未知的多数病毒。

（6）软件仿真扫描法

该技术专门用于对付多态性计算机病毒。多态性计算机病毒在每次传染时，都将自身以不同的随机数加密于每个感染的文件中，传统的特征代码法根本无法找到这种计算机病毒。因为多态性计算机病毒代码实施密码化，而且每次所用密钥不同，即使把染毒的病毒代码相互比较，也无法找出相同的可能作为特征的稳定代码。虽然行为监测法可以检测多态性病毒，但是在检测出病毒后，因为不能判断病毒的种类，所以难以做进一步处理。软件仿真技术则能成功地仿真 CPU 执行，在 DOS 虚拟机下伪执行计算机病毒程序，安全地将其解密，然后再进行扫描。

三、杀毒技术

将染毒文件的病毒代码摘除，使之恢复为可正常运行的文件，称为病毒的清除，有时也称为对象恢复。清除病毒所采用的技术称为杀毒技术。

大多数情况下，采用抗病毒软件恢复受感染的文件或磁盘。但是，如果抗病毒软件不了解该病毒，就需要把感染文件传给抗病毒软件供应商，过一段时间后才会收到解决方案。

依据病毒的种类及其破坏行为的不同，染毒后有的病毒可以清除，有的病毒不能清除。

（一）引导型病毒的清除

1. 引导型病毒感染时的攻击部位

引导型病毒易攻击部位：

①硬盘主引导扇区；

②硬盘或软盘的 Boot 扇区。

为保存原主引导扇区、Boot 扇区，病毒可能随意地将其写入其他扇区，从而毁坏这些扇区。

引导扇区的恢复，大多数情况下是使用 DOS SYS 命令或者 FDISK/MBR。引导扇区的恢复必须保证病毒不在 RAM 区。如果病毒的副本在 RAM 区，则该病毒会重新感染已恢复的磁盘或者硬盘。

使用 FDISK/MBR 恢复引导扇区时该命令会重写系统加载程序，但不会改变磁盘分区表，FDISK/MBR 可以清除大多数引导型病毒。然而，如果该病毒加密磁盘分区表或使用非标准的感染方法，使用 FDISK/MBR 则会完全丢失磁盘信息。因此，使用 FDISK/MBR 之前，一定要确认磁盘分区表没有被修改过。通过没有感染的磁盘启动 DOS 环境，使用磁盘工具（如 Norton Disk Editor）检查该分区表是否完整。

如果不能用 DOS SYS 命令或 FDISK/MBR 恢复引导扇区，则必须分析该病毒的执行算法，寻找到原始引导扇区的位置，并将它们移到正确位置上。

2. 修复带毒的硬盘主引导扇区

引导型病毒如果将原主引导扇区或 Boot 扇区覆盖写入根目录区，被覆盖的根目录区会遭到永久性损坏。引导型病毒如果将原主引导扇区或 Boot 扇区覆盖式写入第一 FAT 表时，可以修复，方法是将第二 FAT 表复制到第一 FAT 表中。

（二）宏病毒的清除

为了清除宏病毒，需用非文档格式保存足够的信息，RTF（Rich Text Format）适合保留原始文档的足够信息而不包含宏，然后退出文档编辑器，删除已感染的文档文件以及 normal.dot 和 start-up 目录下的文件。

经过上述操作，用户的文档信息都可以保留在 RTF 文件中。这种方式的缺点是打开和保存文档时存在格式转换，这种转换增加了处理时间。另外，正常的宏命令也不能使用。因此，在清除宏病毒之前应保存好正常的宏命令，宏病毒清除后再恢复这些宏命令。

（三）文件型病毒的清除

一般文件型病毒的染毒文件可以恢复。在绝大多数情况下，染毒文件的恢复都是很复杂的。如果没有必要的知识，如可执行文件格式、汇编语言等，是不可能手工清除的。

当恢复受感染的文件时，需考虑下列因素：

①不管文件的属性（只读/系统/隐藏），测试和恢复所有目录下的可执行文件；

②希望确保文件的属性和最近修改时间不改变；

③一定考虑一个文件多重感染情况。

.com/.exe 型文件交叉感染了多个病毒，病毒代码在宿主文件头部和尾部都有时，必须正确判断出这几个病毒感染文件的先后顺序才可能恢复；否则，染毒程序无法恢复。

（四）病毒的去激活

清除内存中的病毒是使 RAM 中的病毒进入非激活状态，跟文件恢复一样，需要操作系统和汇编语言知识。

清除内存中的病毒，需要检测病毒的执行过程，然后改变其执行方式，使病毒失去传染能力。这需要全面分析病毒代码，因为不同的病毒其感染方式不同。

在大多数情况下，除去内存中的病毒必须截断病毒，截获中断。文件型病毒截获 INT21H，引导型病毒截获 INT13H。当然病毒可以截获其他中断，或者截获许多中断。

有的病毒对其代码有保护机制，如"YanKee"使用纠错码恢复自己。此时，病毒的恢复机制首先需要解除，因为有的病毒计算它们的 CRC 值，并把该值与原来的值比较。如果不同，则系统被重新启动，或删除磁盘扇区。因此，这种 CRC 的计算例程必须被解除。

（五）使用杀毒软件清除病毒

计算机一旦感染了病毒，一般的用户首先想到的就是使用杀毒软件来清除病毒。杀毒软件能清除大多数病毒，而且使用方便，技术要求不高，不需要具备太多的计算机知识；但有时也会删除带毒文件，使系统不能正常运行。

使用防杀病毒软件清除计算机病毒是普通用户的首选，但需要经常升级病毒代码库，以便能清除各种新出现的病毒。

第八章 计算机网络新技术及其安全问题

在20世纪末21世纪初,随着网络技术的快速发展,新的网络计算技术纷纷出现,如云计算、物联网和P2P技术,这其中,云计算技术、物联网技术已经成为信息领域的热点,而P2P技术则已经大量投入应用并取得令人瞩目的成就。然而,这些新型网络技术都面临着不同的安全问题,这些安全问题已经成为制约其快速发展和广泛应用的重要因素。

第一节 云计算技术及其安全问题

云计算是当前信息技术领域的热点问题之一,代表了IT领域向集约化、规模化与专业化发展的趋势,是继网格计算之后分布式计算技术的又一次重大发展。云计算描述了对组成计算、网络、信息和存储等资源池的各种服务、应用、信息和基础设施等各种组件的一种全新使用模式。然而必须看到,云计算在带给我们规模经济、高应用可用性益处的同时,其核心技术特点也决定了它在安全性上存在着天然隐患,带来了前所未有的安全挑战。在已经实现的云计算服务中,安全问题一直令人担忧。事实上,安全和隐私问题已经成为阻碍云计算普及和推广的主要因素之一。

一、云计算技术概述

(一)云计算基本概念与分类

"云计算"(Cloud Computing)是2007年才诞生的一个新名词,目前受到国内外的广泛关注。那么到底什么是云计算呢?目前并没有一个公认的定义。笔者给出一种定义:云计算是一种全新的商业计算模型,它将计算任务分布在大量计算机构成的虚拟资源池中,使用户和各种应用系统能够根据需要获取可伸缩的计算力、存储空间和信息服务。

从字面上看,"云"即互联网,也就是网上的各种资源,"计算"则是能力,包括信息的处理、存储、检索和交互等;从技术层面看,云计算最核心的技术是虚拟化，将网络上的软硬件资源整合成网络服务能力；从服务层面看，云计算是一种新的商业模式，云服务提供商利用虚拟化技术为用户提供质优价廉、专业化、规模化的信息服务；从应用层面看，云计算是一种新的用户体验，用户就像在家用水电般使用互联网服务，像在银行存钱一样在网络上存储自己的信息。

按照使用模式的不同，云计算可以分为以下三大类。

①基础设施即服务（IaaS）。基础设施即服务将包括计算机、网络设备、存储设备、操作系统、数据库等在内的软、硬件资源以服务的形式呈现给用户，为用户提供处理、存储、网络以及基础的计算资源；用户可按照实际需求通过网络方便地获得基础设施即服务提供商所提供的 IT 基础设施资源服务；

②平台即服务（PaaS）。平台即服务依托基础设施云平台，通过开放的架构为互联网应用开发者提供一个共享超大规模计算能力的有效机制，为应用开发者提供包括统一开发环境在内的一站式软件开发服务。

③软件即服务（SaaS）。软件即服务是以互联网为载体，通过浏览器交互，把应用程序部署在云端供用户使用的新型业务模式。软件即服务提供商为用户提供搭建系统所需要的所有网络基础设施和软硬件运行平台，负责所有的构建、维护等工作；用户只需要根据业务需要向软件即服务提供商租赁软件服务，无须关注底层细节和管理、维护等工作。

（二）云计算的特点与优势

与传统的分布式计算技术相比，云计算具有以下显著特点。

1. 按需服务

用户可以在需要时自动配置计算能力，包括对服务器时间和网络存储的需要都是自动计算的，而无须与服务提供商的服务人员交互。

2. 网络访问

服务能力通过广泛的各类网络提供，支持各种标准接入手段，包括各种瘦或胖客户端平台（如移动电话、笔记本电脑、PDA），也包括其他传统的或基于云的服务。

3. 资源池

服务提供商的计算资源汇集到资源池中，使用多租户模型，按照用户需要将包括存储、处理、内存、网络带宽以及虚拟机等在内的物理和虚拟资源动态地分配或再分配给多个消费者使用。

4. 快速伸缩

服务能力可以快速、弹性地供应，实现快速扩容、快速上线，而且对于用户来说，可供应的服务能力近乎无限，可以随时按需购买。

5. 可衡量

云系统之所以能够自动控制优化某种服务的资源使用，是因为利用了经过某种程度抽象的测量能力（如存储、处理、带宽或者活动用户账号等），人们可以像使用水电一样精细化地监视、控制资源的使用量，并产生对提供商和用户双方透明的报表。

目前，云计算的发展趋势非常迅猛，在短短几年内已经取得了巨大的成功。谷歌（Google）、亚马逊（Amazon）、微软（Microsoft）和国际商业机器公司（IBM）等公司纷纷积极推动，各国政府先后提出自己的云计算计划。这是因为无论从服务提供商的角度，还是从用户的角度来看，云计算都具有无可比拟的优势。

首先，从服务提供商的角度来看，云计算的优势在于其技术特征和规模效应所带来的压倒性的性价比优势。全球企业的 IT 开销可分为三部分：硬件开销、能耗和管理成本。根据国际数据公司（IDC）所做的调查，从 1996 年到 2010 年，全球企业 IT 开销发展趋势：硬件开销基本持平，但能耗和管理成本却在迅速增加；管理开销已经远远超过硬件成本，而能耗开销已经接近硬件成本。但是如果使用云计算技术，则系统建设和管理成本将有很大的变化。平均而言，一个特大型云数据中心的成本将比中型传统数据中心的成本节约 80% 以上。再者，云计算与传统数据中心相比其资源利用率也有很大不同。由于云计算平台规模极大，租用者数量众多，应用类型不同，容易平稳整体负载，其利用率可以提升 6～8 倍。可见，由于云计算具有更低廉的成本和更高的利用率，两者相乘至少可以将成本节省 30 倍。

其次，对于普通的云计算用户而言，云计算的优势也是显而易见的。他们不用学习复杂的计算机编程语言，不需要开发复杂的软件，不用安装昂贵的硬件，不用操心烦琐的系统管理、维护工作，只需要用比以前低得多的使用成本，就可以快速部署应用系统；而且这个系统的规模可以按需动态自由伸缩，可以更容易地共享数据；而租用公共云的企业用户也不再需要自建高性能计算中心或者数据中心，只需要申请账号并按使用量购买服务就能满足本企业的需求，大大降低了 IT 企业的创业门槛。

（三）云计算的应用与发展

由于云计算的发展理念符合当前低碳经济与绿色计算的总体趋势，并极有可能发展成为未来网络空间的神经系统，它获得了包括我国政府在内的世界各国政府的大力倡导与推动。

目前，云计算的应用已经广泛涵盖应用托管、存储备份、内容推送、电子商务、高性能计算、媒体服务、搜索引擎、Web 托管等诸多领域。云计算技术迅猛发展的趋势已经毋庸置疑。虽然一部分实力较强的企业级用户有足够能力建立自己的超算中心和数据中心，对云计算技术仍处于观望状态，但是云计算体现出来的快速部署、动态可扩展和高性价比的特点仍然吸引了众多的中小型企业用户。

在我国，从 2008 年起，涌现出北京"IBM 大中华区云计算中心"、"祥云工程"、上海"云海计划"、苏州"风云在线"、中国移动"Big Cloud"云计算平台等项目，市场规模已超过百亿元。云计算的应用和发展将对我国的信息技术产业发展和社会进步起到重要作用。

二、云计算关键技术

（一）谷歌的云计算技术

谷歌是云计算技术研究和应用最为成功的公司之一，其关键技术包括 MapReduce、GFS、Chubby 等。

1.MapReduce 并行编程模式

有些计算问题本身比较简单，但是由于规模太大，需要处理的数据量太多，使得在短时间内通过单机或者少量的 CPU 求解困难。为此，谷歌的杰弗里·迪安（Jeffrey Dean）设计了一种全新的抽象模型，使编程人员只要执行简单的计算，就可将并行化、容错、数据分布、负载均衡等杂乱细节放在一个库里，当并行编程时不必关心它们，这就是 MapReduce。

MapReduce 是一个全新的软件架构，是一种处理海量数据的并行编程模式，特别适合于大规模数据集（通常大于 1TB）的并行运算。与传统分布式程序设计相比，MapReduce 封装了并行处理、容错处理、本地化设计和负载均衡等细节，提供了一个简单而强大的接口。通过这个接口，可以把大规模的计算自动地并发和分布执行。

MapReduce 将庞大的原始数据集划分为 n 个子集，然后为每个子集分配一个 Map 操作，由于每个 Map 操作都是针对不同的原始数据，因此不同的 Map 操作之间都是互相独立的，这使得它们可以充分地并行执行。Map 操作执行获得的并不是最终结果，而是 n 个中间结果。然后，再指派 R 个 Reduce 操作。一个 Reduce 操作对一个或者多个 Map 操作所产生的中间结果进行合并操作，且每个 Reduce 所处理的 Map 中间结果互不交叉。这样所有 Reduce 产生的最终结果经过简单连接就形成了完整的最终结果集。Reduce 也可以在并行环境下执行。

2.GFS 分布式文件系统

为了解决海量数据存储问题，谷歌研发了简单而又高效的 GFS 技术。与以往的文件系统相比，GFS 采用完全不同的设计理念，包括：

①部件错误不再被当作异常，而是将其作为常见的情况加以处理；

②文件都非常大，长度达几个 GB 的文件是很平常的，因此对大型的文件的管理一定要高效，对小型的文件也必须支持，但不必优化；

③大部分文件的更新通过添加新数据完成，而不改变已存在的数据；

④文件系统主要包括对大量数据的流方式的读操作，对少量数据的随机方式的读操作和对大量数据进行的连续的向文件添加数据的写操作。

一个 CFS 集群由一个 Master 和大量的 ChunkServer 构成，并被许多客户访问。在 GFS 中，文件被分成固定大小的块（典型大小为 64MB）。每个块由一个不变的、全局唯一的 64 位 chunk-handle 标识。ChunkServer 将块当作 Linux 文件存储在本地磁盘，并可以读和写由 chunk-handle 和位区间指定的数据。出于可靠性考虑，每一个块被复制到多个 ChunkServer 上（默认情况下，保存 3 个副本）。

Master 维护文件系统所有的元数据（Metadata），包括名字空间、访问控制信息、从文件到块的映射以及块的当前位置。它也控制系统范围的活动，如块租约（Lease）管理、孤儿块的垃圾收集、ChunkServer 间的块迁移。Master 定期通过 HeartBeat 消息与每一个 ChunkServer 通信，给 ChunkServer 传递指令并收集它的状态。

与应用相连的 GFS 客户代码实现了文件系统的应用程序编程接口并与 Master 和 ChunkServer 通信以代表应用程序读和写数据。客户与 Master 的交换只限于对元数据的操作，所有数据方面的通信都直接和 ChunkServer 联系。

3.Chubby 分布式锁机制

Chubby 系统提供粗粒度的锁服务，并且基于松耦合分布式系统设计可靠的存储。它本质上是一个分布式的文件系统，存储大量的小文件。每一个文件代表一个锁，并且保存一些应用层面的小规模数据。这种锁是建议性的，而不是强制性的锁，具有更大的灵活性。用户通过打开、关闭读取文件，获取共享锁或者独占锁。例如，当一群机器选举 master 时，这些机器同时申请打开某个文件，并请求锁住这个文件。成功获取锁的服务器当选主服务器，并且在文件中写入自己的地址。其他服务器通过读取文件中的数据，获得主服务器的地址信息。

（二）亚马逊的云计算技术

亚马逊是全球最大的在线图书零售商，在发展主营业务即在线图书零售的过程中，亚马逊为支撑业务的发展，在全美部署 IT 基础设施，其中包括存储服务器、带宽、CPU 资源。为充分支持业务的发展，IT 基础设施需要有一定富裕。2002 年，亚马逊意识到闲置资源的浪费，开始把这部分富裕的存储服务器、宽带、CPU 资源租给第三方用户。亚马逊将该云服务命名为亚马逊网络服务（AWS），用户（包括软件开发者与企业）可以通过亚马逊网络服务获得存储、宽带、CPU 资源，同时还能获得其他 IT 服务。

1. 弹性计算云

亚马逊弹性计算云（EC2）是亚马逊云计算环境的基本平台，允许企业和开发者或其他人处理大规模的海量数据。在弹性计算云上，用户可以利用随心定制的计算力来完成如数据挖掘或科学仿真等数据密集型任务。其主要特性包括：

①灵活性：弹性计算云可自行配置运行的实例类型、数量，可以选择实例运行的地理位置，还可以根据用户的需求随时改变实例的使用数量，为用户提供很好的灵活性；

②低成本：用户按需购买资源的使用权，各类资源均按小时计费，费用相当低廉；

③安全性：使用 SSH、可配置的防火墙机制、监控等技术，提供了很好的安全性；

④易用性：用户可以根据亚马逊提供的模块自由构建自己的应用程序，同时弹性计算云还会对用户的服务请求自动进行负载平衡；

⑤容错性：弹性计算云使用弹性 IP 技术，发生故障的任务会自动转移到新的节点继续执行，提供较好的容错性。

2. 简单存储服务

简单存储服务（S3）是 AWS 最老也是最容易使用的服务，可用作图片存储、文件备份和数据存储等，特别适合上传共享文件和静态内容。简单存储服务是基于桶（Bucket）的存储系统，它把每个被存储的文件当作一个对象（Object），被存储的对象被放到相应的桶中。

其中，对象是简单存储服务的基本存储单元，包括数据和元数据；键是对象的唯一标示符，每个对象都有一个独一无二的键；桶是存储对象的容器，类似于文件目录，但需要注意的是，桶不能嵌套，且其名称必须全局唯一。

简单存储服务存储架构主要以 keymap+Bitstere 作为基本的存储功能。其中，Coordinator 和 Node Picker 充当调度功能，Replicator 实现副本管理的功能，DFDD（discovery，failure，detection，daemon）用来检测各个组件的运行状态，Web Service Platform 用来接收和处理客户端的请求。

3. 简单队列服务

简单队列服务（Simple Queue Service，SQS）提供托管消息队列服务，它增加了不同任务应用在分布式组件之间的工作流。简单队列服务允许开发者移动数据而不丢失信息，每个请求的组件通常都保持可用状态。

亚马逊规定：每个新用户每月可获得 10 万个简单队列服务排队请求，之后，每 1 万请求收取 0.01 美元；而数据传输的花费则根据需求变化。

（三）Hadoop 云计算技术

Hadoop 是一个分布式系统基础架构，是目前最著名的云计算开源项目，由 Apache 软件基金会开发，实际上是谷歌云计算的一个开源实现。目前许多著名的云计算应用都构建于 Hadoop 平台之上，包括谷歌、易贝（eBay）、亚马逊、脸书（Facebook）和百度、淘宝、腾讯等。

Hadoop 允许用户在不了解分布式底层细节的情况下，充分利用集群的优势，开发高效的分布式程序。用户可以轻松地在 Hadoop 上开发和运行处理海量数据的应用程序。Hadoop 主要有以下几个优点：

①高可靠性：Hadoop 按位存储和处理数据的能力值得人们信赖；

②高扩展性：Hadoop 是在可用的计算机集簇间分配数据并完成计算任务的，这些集簇可以方便地扩展到数以千计的节点中；

③高效性：Hadoop 能够在节点之间动态地移动数据，并保证各个节点的动态平衡，因此处理速度非常快；

④高容错性：Hadoop 能够自动保存数据的多个副本，并且能够自动重新分配失败的任务。

Hadoop 由多元素构成。其最底部是 HDFS（Hadoop Distributed File System），它管理 Hadoop 集群中所有存储节点上的文件。

HDFS 的主要目的是支持以流的形式访问写入的大型文件。对外部客户机而言，HDFS 就像一个传统的分级文件系统，可以创建、删除、移动或重命名文件等。HDFS 的架构是基于一组特定的节点构建的，这些节点包括：

一个 NameNode，它在 HDFS 内部提供无数据服务；数量众多的 DataNode，它们为 HDFS 提供存储块。

在 HDFS 中数据文件被分成块（通常为 64MB），并且复制到多个 DataNode 中（缺省配置为 3）。块的大小和复制块的数量在创建文件时可以由客户机决定。HDFS 内部的所有通信都基于标准的 TCP/IP 协议。

如果缓存的数据大于所需的 HDFS 块大小，创建文件的请求将发送给 NameNode，NameNode 将以 DataNode 标识和目标块响应客户机，同时也通知将要保存文件块副本的 DataNode。当客户机开始将临时文件发送给第一个 DataNode 时，将立即通过管道方式将块内容转发给副本 DataNode。客户机也负责创建保存在相同 HDFS 名称空间中的校验和（Checksum）文件。在最后的文件块发送之后，NameNode 将文件创建提交到它的持久化无数据存储。

HDFS 的上一层是 MapReduce 引擎，该引擎由 JobTracker 和 TaskTracker 组成。此外，Hadoop 集群还包括一系列以 Hadoop 为基础的开源项目，包括 HBase、Pig、Hive、ZooKeeper 等项目，为用户提供各种强大而方便的云计算工具。

三、云计算面临的安全问题

云计算的出现使得公众客户获得低成本、高性能、快速配置和海量化的计算服务成为可能。但云计算在带给用户规模经济、高应用可用性益处的同时，其特有的数据和服务外包、虚拟化、多租户和跨域共享等特点，也给用户带来了前所未有的安全挑战。在已经实现的云计算服务中，安全问题一直令人担忧。

所谓云安全，主要包含两个方面的含义。第一个方面是云自身的安全保护，也称为云计算安全，包括云计算应用系统安全、云计算应用服务安全、云计算用户信息安全等。云计算安全是云计算技术健康可持续发展的基础。第二个方面是使用云的形式提供和交付安全，即云计算技术在安全领域的具体应用，也称为安全云计算，就是通过采用云计算技术来提升安全系统的服务效能的安全解决方案，如基于云计算的防病毒技术、挂马检测技术等。

2009 年，云安全联盟（CSA）。发布了一份云计算服务的安全实践手册《云计算安全指南》，总结了云计算的技术架构模型、安全控制模型以及相关合规模型之间的映射关系。2010 年 3 月，CSA 又发表了其在云安全领域的最新研究成果《云计算的七大安全威胁》，获得了广泛的引用和认可，其主要内容如下：

①云计算的滥用、恶用、拒绝服务攻击：与合法消费者相同，攻击者也

可以花费极低的成本使用云的优势进行强大的安全攻击行为；

②不安全的接口和应用程序编辑接口：应用程序编辑接口用于允许功能和数据访问，但其可能存在潜在风险或不当使用时，容易让程序受到攻击；

③恶意的内部员工：云提供商的员工可能滥用权力访问客户数据/功能，而为了减少内部进程的可见性可能会妨碍探测这种违法行为；

④共享技术产生的问题：公共的硬件、运行系统、中间件、应用栈和网络组件可能有着潜在风险；

⑤数据泄露：由于不合适的访问控制或弱加密造成数据破解，或者因为多租户结构导致数据的高风险；

⑥账号和服务劫持：对客户或云进行流量拦截和/或改道发送，或者偷取凭证以窃取或控制账户信息/服务；

⑦未知的安全场景：对安全控制的不确定性可能让顾客陷入不必要的风险。

事实上，安全和隐私问题已经成为阻碍云计算普及和推广的主要因素之一。2011年1月21日，来自美国的一个叫做"IT治理协会"（ITGI）的非盈利性组织的消息称，考虑到自身数据的安全性，很多公司正在控制云计算方面的投资。在参与调查的21家公司的834名首席执行官中，有半数的官员称，出于安全方面的考虑，他们正在延缓云的部署，并且有三分之一的用户正在等待。云计算环境的隐私安全、内容安全是云计算研究的关键问题之一，它为个人和企业放心地使用云计算服务提供了保证，从而可促进云计算持续、深入发展。

由于云计算环境下的数据对网络和服务器的依赖，隐私问题尤其是服务器端隐私的问题比网络环境下更加突出。客户对云计算的安全性和隐私保密性存在质疑、企业数据无法安全方便地转移到云计算环境等一系列问题，导致云计算的普及面临诸多顾虑。

第二节　物联网技术及其安全问题

作为一次新的技术变革，物联网必将引起企业间、产业间甚至国家间竞争格局的重大变化。随着相关技术的发展和成熟，物联网逐渐被人们认识和应用，并给人们带来诸多便利。然而，物联网在让一切变得智能的同时，也带来更多的危险。

一、物联网概述

物联网是通过各种信息传感设备，如传感器、射频识别（RFID）技术、全球定位系统、红外感应器、激光扫描器、气体感应器等各种装置与技术，实时采集任何需要监控、连接、互动的物体或过程，采集其声、光、热、电、力学、化学、生物、位置等各种需要的信息，与互联网结合形成的一个巨大网络。其目的是实现物与物、物与人，所有的物品与网络的连接，方便识别、管理和控制。

可见，物联网的实质是在计算机互联网的基础上，利用射频识别、无线数据通信等技术，构造一个覆盖世界上万事万物的"Internet of Things"。在这个网络中，物品（商品）能够彼此进行"交流"，而无须人的干预，通过计算机互联网实现物品（商品）的自动识别和信息的互联与共享。

一般认为，物联网有以下3个特征。

①全面感知。利用泛在化部署的射频识别、传感器、二维码等设备，随时随地获得物体的各种信息。

②可靠传递。通过各种电信网络与互联网的融合，将采集到的物体信息实时、准确地传递出去。

③智能处理。利用计算机技术，及时地对海量的数据进行信息控制，真正达到人与物的沟通、物与物的沟通，而且不是单一地在某一点独立采集信息进行处理，而是利用云计算等技术对海量数据和信息进行分析和处理，对物体实施智能化控制。

因此，物联网大致被公认为有3个层次，底层是用来感知数据的感知层，第二层是数据传输的网络层，最上层则是针对各种实际应用场景的应用层。

对应地，物联网的工作步骤一般包括如下3个步骤。

①对物体属性进行标识，属性包括静态和动态属性，静态属性可以直接存储在标签中，动态属性需要先由传感器实时探测。

②需要识别设备完成对物体属性的读取，并将信息转换为适合网络传输的数据格式。

③将物体的信息通过网络传输到信息处理中心，由处理中心完成物体通信的相关计算。

二、物联网关键技术

物联网主要有4个关键性的应用技术：射频识别技术、WSN技术、智能技术和纳米技术。其中射频识别技术侧重于识别，能够实现对目标的标识和管理；WSN 技术侧重于组网，实现数据的传递；智能技术侧重于对数据的处理，实现人与物、物与物之间的交互，能够增强物联网的能力；纳米技术则意味着物联网当中体积越来越小的物体能够进行交互和连接，也是物联网的一项重要关键技术。

（一）射频识别技术

RFID（Radio Frequency Identification）即射频识别技术，俗称电子标签，通过射频信号自动识别目标对象，并对其信息进行标志、登记、储存和管理。RFID 是 20 世纪 90 年代开始兴起的一种自动识别技术，是目前比较先进的一种非接触自动识别技术。

在物联网的构想中，RFID 标签中存储着规范而具有互用性的信息，通过无线数据通信网络把它们自动采集到中央信息系统，实现物品（商品）的识别，进而通过开放性的计算机网络实现信息交换和共享，实现对物品的"透明"管理。近年来，随着电子、通信与信息技术的飞速发展，RFID 技术步入了商业化广泛应用的阶段，已成为一项被广泛应用于物流、交通运输、图书管理、零售、医疗、门禁、防伪等领域的成熟技术，被认为是 21 世纪最有发展前景的信息技术之一。

RFID 的组成主要包括 3 个部分：

①电子标签：由芯片和标签天线或线圈组成，通过电感耦合或电磁反射原理与读写器进行通信；

②读写器：读取标签信息的设备，在读写卡中还可以向电子标签中写入信息；

③天线：可以内置在读写器中，也可以通过同轴电缆与读写器天线接口相连。

（二）WSN 技术

传感器是能感受规定的被测量并按照一定的规律转换成可用信号的器件或装置，通常由敏感元件和转换元件组成。无线传感器网络（WSN）是由大量传感器节点通过无线通信方式形成的一个多跳的、自组织的网络系统。在传感器网络中，节点可以通过飞机布撒或者人工布置等方式大量部署在被感知对象内容及其附近，这些节点通过自组织方式构成无线网络，以协作的方式实时感知、采集和处理网络覆盖区域中感知对象的信息，并通过多跳网络经由链路上的接收发送器（SINK）将整个区域内的信息传送到远程控制管理中心。另外，远程控制管理中心也可以对网络节点进行实时控制和操作。

在传感网中，传感器具有两方面的功能：第一，数据的采集和处理；第二，数据的融合和路由。传感器可将本节点采集的数据和其他节点发送来的数据进行综合，然后转发到接收发送器。需要指出的是：接收发送器在整个传感网中数量有限，能用多种方式与外界通信，并能及时补充能量。但传感网中的普通传感器节点由于其数量庞大，很难进行能量的补充。当能量耗尽，该传感器节点就不能使用，从而影响整个传感网。因此，传感器的能量补充成为传感网要解决的首要问题。

WSN 可实现数据的采集量化、处理融合和传输应用，网络节点的基本组成主要包括 4 个基本单元：

①传感单元，包括传感器和 A/D 转换功能模块；

②处理单元，包括 CPU、存储器、嵌入式操作系统等；

③通信单元，包括无线通信模块，天线；

④能量单元，包括电源或电池等其他能源。

WSN 具有极其广泛的应用，如感知战场状态（军事应用）、环境监控（气候、地理、污染变化监控）、物理安全监控、城市道路交通监控、安全场所视频监控等。目前，面向物联网的传感器网络技术研究主要包括：

①先进测试技术及网络化测控研究；

②智能化传感器网络节点研究；

③传感器网络组织结构及底层协议研究；

④对传感器网络自身的检测与控制研究；

⑤传感器网络安全研究。

与传统的无线网络相比，WSN 具有以下几个方面的明显不同：

① WSN 是集成了监测、控制以及无线通信的网络系统，节点数目更为庞大（上千甚至上万），节点分布更为密集；

②由于环境影响、能量耗尽或者节点故障，节点更容易出现故障，从而引起网络拓扑结构的频繁变化；

③与无线网络中的计算机节点相比，传感器节点的能量、处理能力、存储能力和通信能力等都比较有限；

④传统无线网络的首要设计目标是提高服务质量和带宽利用率，其次才考虑节约能源，而 WSN 的首要设计目标就是能源的高效使用，这也是 WSN 和传统网络的主要区别之一。

（三）智能技术

智能技术是为了有效达到某种预期的目的，利用知识所采用的各种方法和手段。通过在物体中植入智能系统，可以使得物体具备一定的智能性，能够主动或被动地实现物体与用户的沟通,在目前的技术水平下,智能技术主要是通过嵌入式技术实现的,智能系统也主要是由一个或者多个嵌入式系统组成的。

目前智能技术还存在一些需要进一步研究的技术难点,主要包括以下几个方面。

①人工智能理论研究。人工智能理论研究包括智能信息获取的形式化方法、海量信息处理相关理论与方法、网络环境下信息的开发与利用、机器学习。

②先进的人机交互技术与系统。先进的人机交互技术与系统主要包括声音、图形、图像、文字及语言处理技术,虚拟现实技术与系统,多媒体技术等。

③智能控制技术与系统。物联网就是要给物体赋予智能,实现人与物、物与物之间的沟通与对话。为了实现这样的智能性,需要智能控制技术与系统。

④智能信号处理。智能信号处理技术主要包括信息特征识别和融合技术、地球物理信号处理与识别技术。

(四)纳米技术

纳米技术并不是物联网的专有技术,但是目前纳米技术在物联网中广泛应用在 RFID 设备的微小化设计、感应器设备的微小化设计、加工材料和微纳米加工等方面。

纳米技术是研究尺寸在 0.1～100nm 的物质组成系统的运动规律和相互作用及可能的实际应用中的技术问题的科学。其中,纳米物理学和纳米化学是纳米科学的理论基础,而纳米电子学是纳米科学最重要的内容,也是纳米技术的核心。

为了能够制造出更低功率消耗、更低成本、更小尺寸、更加稳定和性能更好的半导体芯片,将电子器件逼近到纳米器件的领域,纳米电子技术应运而生,从而解决了微电子技术的问题。纳米电子器件不仅仅是微电子期间尺寸的进一步减小,更重要的是它们的工作将依赖于器件的量子特性,具有更高的响应速度和更低的功耗。

纳米技术的发展不仅为传感器提供了优良的敏感材料,而且为传感器的制作提供了许多新方法。与传统传感器相比,纳米传感器尺寸减小,精度提高,性能大大改善。

纳米技术能将微小的物体加入物物相连的网络,进行信息交互,使得物联网真正做到了万物的相连。可见,纳米技术必然在物联网中扮演重要的角色,对物联网技术的发展意义重大。不过种种迹象已经表明:纳米物质具有

计算机网络安全技术与保护策略研究

与常规物质完全不同的毒性，在人类健康、生态环境、可持续发展等方面会引发诸多问题。所以，提高纳米技术的安全性对纳米技术的研究提出了新的挑战。

三、物联网安全

（一）物联网面临的安全威胁

物联网在感知层中易受到的安全威胁包括以下几个方面。

①物理俘获。由于物联网的应用可以取代人来完成一些复杂、危险和机械的工作，物联网感知节点或设备多数部署在无人监控的场景中，并且有可能是动态的。这种情况下攻击者就可以轻易地接触到这些设备，使用一些外部手段非法俘获传感节点，从而对它们造成破坏，甚至可以通过本地操作更换机器的软硬件。

②传输威胁。首先物联网感知层节点和设备大量部署在开放环境中，其节点和设备能量、处理能力和通信范围有限，无法进行高强度的加密运算，导致缺乏复杂的安全保护能力；其次物联网感知网络多种多样，如温度测量、水文监控、道路导航、自动控制等，它们的数据传输和消息没有特定的标准。因此物联网感知网络无法提供统一的安全保护体系，严重影响了感知信息的采集、传输和信息安全。这些会导致物联网面临中断、窃听、拦截、篡改、伪造等威胁，例如可以通过节点窃听和流量分析获取节点上的信息。

③自私性威胁。物联网感知网络节点表现出自私行为，为节省自身能量拒绝提供转发数据包的服务，造成网络性能大幅下降。

④拒绝服务威胁。由于硬件失败、软件瑕疵、资源耗尽、环境条件恶劣等原因造成网络的可用性被破坏，网络或系统执行某一期望功能的能力被降低。

⑤感知数据威胁。由于物联网感知网络与节点的复杂性和多样性，感知数据具有海量、复杂的特点，因而感知数据存在实时性、可用性和可控性的威胁。

物联网在网络层和应用层中易受到的攻击类型包括以下几种。

①阻塞干扰。攻击者在获取目标网络通信频率的中心频率后，通过在这个频点附近发射无线电波进行干扰，使得攻击节点通信半径内的所有传感器网络节点不能正常工作，甚至造成网络瘫痪。这是一种典型的 DoS 攻击方法。

②碰撞攻击。攻击者连续发送数据包，在传输过程中和正常节点发送的数据包发生冲突，导致正常节点发送的整个数据包因为校验和不匹配被丢弃。

这是一种有效的 DoS 攻击方法。

③耗尽攻击。利用协议漏洞，通过持续通信的方式使节点能量耗尽，如利用链路层的错包重传机制使节点不断重复发送上一包数据，最终耗尽节点资源。

④非公平攻击。攻击者不断地发送高优先级的数据包从而占据信道，导致其他节点在通信过程中处于劣势。

⑤选择转发攻击。物联网是多跳传输，每一个传感器既是终节点又是路由中继点。这要求传感器在收到报文时要无条件转发（该节点为报文的目的时除外）。攻击者利用这一特点拒绝转发特定的消息并将其丢弃，使这些数据包无法传播，采用这种攻击方式，只丢弃一部分应转发的报文，从而迷惑邻居传感器，达到攻击目的。

⑥陷洞攻击。攻击者通过一个危害点吸引某一特定区域的通信流量，形成以危害节点为中心的"陷洞"，处于陷洞附近的攻击者就能相对容易地对数据进行篡改。

⑦女巫攻击。物联网中每一个传感器都应有唯一的标识与其他传感器进行区分，由于系统的开放性，攻击者可以扮演或替代合法的节点，伪装成具有多个身份标识的节点，干扰分布式文件系统、路由算法、数据获取、无线资源公平性使用、节点选举流程等，从而达到攻击网络目的。

⑧洪泛攻击。攻击者通过发送大量攻击报文，导致整个网络性能下降，影响正常通信。

⑨信息篡改。攻出者将窃听的信息进行修改（如删除、替代全部或部分信息）之后再将信息传送给原本的接收者，以达到攻击目的。

（二）物联网安全问题对策

在传统的网络中，网络层的安全和业务层的安全是相互独立的，而物联网的特殊安全问题很大一部分是由物联网在现有网络基础上集成了感知网络和智能处理平台所带来的。传统网络中的大部分机制仍然可以适用于物联网并能够提供一定的安全性，如认证机制、加密机制等，其中网络层和处理层可以借鉴的抗攻击手段相对多一些，但因物联网技术与应用特点造成其对实时性等安全特性要求比较高，传统安全技术和机制还不足以使物联网的安全需求得到满足。

对物联网的网络安全防护可以采用多种传统的安全措施，如防火墙技术、病毒防治技术等。同时针对物联网的特殊安全需求，目前可以采取以下几种安全机制来保障物联网的安全。

①加密机制：信息保密是安全的基础，也是实现感知信息隐私保护的手段之一，可以满足物联网对保密性的安全需求，但由于传感器节点能量、计算能力、存储空间的限制，要尽量采用轻量级的加密算法。

②感知层鉴别机制：用于证实交换过程的合法性、有效性和交换信息的真实性，主要包括网络内部节点之间的鉴别、感知层节点对用户的鉴别和感知层消息的鉴别。

③安全路由机制：保证网络在受到威胁和攻击时，仍能进行正确的路由发现、构建和维护，解决网络融合中的抗攻击问题，主要包括数据保密和鉴别机制、数据完整性和新鲜性校验机制、设备和身份鉴别机制以及路由消息广播鉴别机制等。

④访问控制机制：确定合法用户对物联网系统资源所享有的权限，以防止非法用户的入侵和合法用户使用非权限内资源，是维护系统安全运行、保护系统信息的重要技术手段，包括自主访问机制和强制访问机制。

⑤安全数据融合机制：保障信息保密件、信息传输安全和信息聚合的准确性，通过加密、安全路由、融合算法的设计、节点间的交互证明、节点采集信息的抽样、采集信息的签名等机制实现。

⑥容侵容错机制：容侵指在网络存在恶意入侵的情况下，网络仍然能够正常地运行，容错指在故障存在的情况下系统不失效，仍然能够正常工作，容侵容错机制主要解决行为异常节点、外部入侵节点带来的安全问题。

第三节　对等网络技术及其安全问题

对等网络（P2P）是近年来广受 IT 业界和学术界关注的一个概念。在此网络中的参与者既是资源（服务和内容）提供者，又是资源（服务和内容）的获取者。与传统的客户机/服务器（C/S）模式相比，对等网络具有负载均衡性好、健壮性、可扩展性、匿名性及高性价比等优点，但同时也带来了新的安全风险。

一、对等网络概述

对等网络是这样一种分布式网络，其中的参与者共享它们所拥有的一部分硬件资源（处理能力、存储能力、网络连接能力、打印机……），这些共享资源需要由网络提供服务和内容，能被其他节点直接访问，由于对等网络网络允许节点之间直接连接进行资源和服务的交换，而不需要通过服务器，消除了中间环节，因此使得网络中的通信变得更直接更便捷。

从应用的角度来看，目前对等网络可以分为以下几种：

① 提供音乐、文件和其他内容共享的对等网络，例如 Napster、Gnutella、CAN、eDonkey、BitTorrent 等；

② 挖掘对等网络对等计算能力和存储共享能力的系统，例如 SETI@home、Avaki、Popular Power 等；

③ 基于对等网络方式的协同处理与服务共享平台，例如 JXTA、Magi、Groove、.NET My Service 等；

④ 即时通信交流平台，包括 QQ、ICQ、MSNMessenger 等；

⑤ 安全的对等网络通信与信息共享系统，例如 Skype、Crowds、Onion Routing 等。

从结构上来看，对等网络又可以划分为以下 3 类。

① 非结构化对等网络系统。这类系统的特点是文件的发布和网络拓扑松散相关。该类方法包括 Napster、KaZaA、Morpheus 和 Gnutella 等。Napster 是包含有中心索引服务器的最早的对等网络文件共享系统，存在扩展性和单点失败问题；Gnutella、Morpheus 则是纯对等网络文件共享系统，后者如今已并入前者；KaZaA 是包含有超级节点的混合型对等网络文件共享系统。

这些系统采用广播或者受限广播来进行资源定位，具有较好的自组织性和扩展性，适用于互联网个人信息共享；缺点是稀疏资源的召回率比较低。

② 结构化对等网络系统。这类系统的特点是文件的发布和网络拓扑紧密相关。在这类系统中，文件按照对等网络拓扑中的逻辑地址精确地分布在网络中，在访问时通过分布式哈希表定位。这类系统包括 CAN、TAPESTRY、CHORD、PASTRY 以及基于这些系统的一些其他文件共享和检索方面的研究实验系统。

在这类系统中，每个节点都具有虚拟的逻辑地址，并根据地址使所有节点构成一个相对稳定而紧致的拓扑结构。系统在此拓扑上构造一个保存文件存储地址信息的 DHT 表，文件根据自身的索引存储到哈希表中；每次检索也是根据文件的索引在 DHT 中搜索相应的文件。生成文件的索引的方法有 3 种：根据文件本身的信息生成哈希值，如 CFS、OCEANSTORE、PAST、Mnemosyne 等；根据文件包含的关键字生成关键字索引；还有根据文件的内容向量索引，如 PSearch。

③ 松散结构化对等网络系统。这类系统介乎结构化系统和非结构化系统之间。系统中的每个节点都分配有虚拟的逻辑地址，但整个系统仍然是松散的网络结构。文件的分布根据文件的索引分配到相近地址的节点上。随着系统的使用，文件被多个检索路径上的节点加以缓存。

典型的松散结构对等网络系统包括 Freenet、Freehaven 等。这种系统非常强调共享服务的健壮性和安全性。

二、对等网络安全问题

对等网络既有传统客户机/服务器模式下的安全问题，包括身份识别认证、授权、数据完整性、保密性和不可否认性等问题，又有自己特有的新的安全问题亟待解决，包括节点信任问题、节点通道安全问题、版权问题、系统安全问题和病毒安全问题等。

（一）节点信任问题

网络实体的存在很大程度上依赖于稳定标识的存在，而对等网络由于其自身特性不存在信任第三方提供实体标识保证，节点在加入系统的过程中随机分配标识符，且由于节点加入和退出的不可预知性，从而使得对等网络在具有传统网络安全问题的同时又产生出很多独有的安全问题。

对等网络中的节点不需要通过服务器就可以直接连接，进行资源和服务的交互，而且这些节点可以随时地加入或者退出。这种特点使得对等网络缺乏传统客户机/服务器模式下集中的安全管理机制和认证机构，导致节点之间难以建立一种信任关系。针对这种信任关系所产生的安全问题很多，主要有以下几种。

①路由攻击。对等网络查找协议的主要功能是维护路由表，然后根据路由表把节点的请求发送给相应的节点。由于每个节点的路由表都是和其他节点相交互而得到的，因此攻击者可以向其他节点发送不正确的路由信息来破坏其他节点的路由表，或者把节点的请求转发到一个不正确的或不存在的节点，从而达到破坏路由的目的。

②分隔攻击。攻击者把自己的节点构建成为一个虚假的对等网络，如果一个新的节点初始化时使用的是这个虚假网络中的节点，那么这个新的节点将会落入这个虚假网络，与真正的网络分隔开来。

③行为不一致攻击。攻击者选择对网络中距离比较远的节点进行攻击，而对自己相邻的节点保持正常。这样远方的节点就能发现它是一个攻击者，而相邻的节点却认为它是正常的节点。

④目标节点过载攻击。攻击者通过向目标节点发送大量的垃圾分组消息来消耗目标节点的处理能力。由于目标节点无法响应系统，所以在一段时间后，系统会认为目标节点已经失效退出，从而将目标节点从系统中删除。

⑤女巫攻击。很多对等网络都存在恶意节点的攻击和节点失效问题，为

了解决这个问题，对等网络系统往往采用冗余备份机制。如果对等网络不能保证节点的唯一性，那么可能会出现以下情况：当一个节点备份其内容，所选择的一组节点可能表面上看似不同，实则被恶意节点所欺骗，从而导致备份于同一个节点，破坏了冗余备份的有效性。

为使对等网络技术能在更多的商业环境里发挥作用，必须考虑网络节点之间的信任问题，从模型和方法等角度解决上述各种攻击带来的安全风险。传统客户机/服务器模式下的集中式节点信任管理既复杂又不一定可靠，所以在对等网络中应该考虑对等诚信模型。对等诚信的一个关键是量化节点的信誉度，或者说需要建立一个基于对等网络的信誉度模型，通过预测网络的状态来提高分布式系统的可靠性。

（二）节点通信安全问题

匿名性和隐私保护在很多应用场景中是非常关键的。在对等网络中，节点之间的通信安全保护主要指的是保护传输信息的机密性和保护传输信息的完整性。机密性指的是保护传输的信息不被非法用户所窃取。完整性则指的是确保传输的信息能够完整地从源节点到达目的节点，没有丢失和被修改。

对等网络节点通信所受到的攻击也很多，常见的攻击包括以下几类。

①信息窃取。P2P 的目的是共享各种资源，网络中的节点在获取其他节点资源的同时，也将自己的资源开放，允许其他节点访问。这种情况下可能会发生重要信息在网络上共享，被其他节点获取的问题。研究表明，在 P2P 文件共享网络中，有许多文件带有敏感信息（财务信息、账户信息等），而其中有的是用户无意间共享了文件夹所导致的，也有的是一些 P2P 软件扫描本地文件夹所导致的。

②存取攻击。攻击者正确地进行路由转发并且正确地执行路由查找协议，但是否认本身节点上保存的数据，或者宣称它保存这些数据，但拒绝提供，使其他的节点无法得到数据。

③节点故障问题。当某个正常节点路由发生故障或者路由表发生错误时，向这个节点发送的资源请求将得不到响应，对等网络则可能认为此节点是恶意节点，从而隔离此节点，导致节点之间的数据通信终止。

④虚假资源问题。对等网络具有一个很明显的特征就是整合资源，系统中的每个节点都会为系统带来一定量的资源（如文件共享、计算能力和存储空间等）。然而正是由于这些资源的来源丰富，资源提供者的可信程度也不相同，对资源可靠性验证也存在很大难题。恶意节点为了某种目的往往假称

能够提供所需的资源,因此需要从大量资源中分离出不合格资源。最典型的一个安全问题就是在 Napster、Gnutella 等文件共享应用中,由于缺少相应机制的约束,用户经常下载到很多名不副实的文件。

目前仍然采用传统的信息安全相关技术,如 IPSec、SSL 等,解决节点之间的双向认证、节点通过认证之后的访问权限、认证的节点之间建立安全隧道和信息的安全传输等问题。

信息通信的安全性,指对等体在进行彼此间消息传输过程中的传输安全。这与传统的分布式传输安全无太大差异,可采取安全的管道传输、加密传输等通信机制。消息的安全性,即系统内传送的消息的安全性,通常包括 CIA,即消息的机密性、完整性和安全性。这也与传统的安全问题是一样的。

(三)版权问题

在对等网络中普遍存在着知识产权保护问题。由于对等网络文件共享没有文件存储中心,所以文件共享的集中可控制性、可管理性下降,导致大量授权和盗版文件在普通用户之间交互传播。从客观上来看,对等网络共享软件的繁荣加速了盗版媒体的分发,提高了知识产权保护的难点。

对等网络得到关注是由纳普斯特(Napster)所支持的网络音乐共享开始的,虽然纳普斯特在之后的官司斗争中衰落,但是现在的 P2P 共享软件较纳普斯特更具有分散性,也更加难以控制,数字产权的问题也一直存在。

其实网络社会与自然社会一样,其自身具有一种自发地在无序和有序之间寻找平衡的趋势。对等网络技术为网络信息共享带来了革命性的改进,而这种改进如果想要持续长期地为广大用户带来好处,必须以不损害内容提供商的基本利益为前提。这就要求在不影响现有对等网络共享软件性能的前提下,一定程度上实现知识产权保护机制。目前,已经有些对等网络厂商和其他公司一起在研究这样的问题,国内外一些专家和学者提出了数字版权保护技术。这也许将是下一代对等网络共享软件面临的挑战性技术问题之一。

(四)系统安全问题

对等网络由于其完全分布式架构,具有比传统的客户机/服务器网络更好的健壮性和抗毁性。然而要建立健壮的对等网络,仍然需要解决以下问题。

1. 故障诊断

在一般的对等网络中,由于没有集中控制节点,主要的故障最终都归结为节点失效,失效的原因可能是该用户退出网络或相关网络中的路由错误等。

发现节点失效的方法通常比较简单，可以在发起通信时检测，或采用定时握手的机制。

一些系统进一步监测网络通信状态，如通信延迟、响应时间等，以此来指导节点自适应地调整邻接关系和路由，提高系统性能。

在要求更高的场合，系统有时还需要发现网络攻击和恶意节点等安全威胁。由于对等网络中节点的加入往往具有很大的自由性，而且缺少全局性的权限管理中心或信任中心，对恶意节点的检测一般通过信誉机制来实现。

2. 容错

在节点失效、网络拥塞等故障发生后，系统应保证通信和服务的连续性，最简单的办法是重试，这在暂时性的网络拥堵时是有效的。对于经常出现的节点失效问题，则需要调整路由以绕开故障节点和网络。在混合（Hybrid）型的对等网络中，中心索引节点可以提供失效节点的替代节点。在努特拉（Gnutella）等广播型的对等网络中，部分节点的失效不会影响整个网络的服务。在和弦（Chord）、自由网（Freenet）等内容路由型对等网络中，其路由中的每一步都有多个候选，通过选择相近的路由可以很容易地绕过故障节点，由于其以 n 维空间的方式进行编址，中间路径的选择不会影响最终到达目标节点。

除了通信外，一些对等网络还提供内容存储和传输等服务，这些服务的容错能力通过信息的冗余来保证。对等网络与广播机制或内容路由算法相结合，可以在目标节点失效后很快定位到相近的、存储有信息副本的节点。

3. 自组织

自组织性指系统能够自动地适应环境的变化来调整自身结构。对于对等网络来说，环境的变化既包括节点的加入和退出、系统规模的大小，也包括网络的流量、带宽和故障以及外界的攻击等影响。

目前的对等网络系统大多能够适应系统规模的变化。典型的方法是以一定的策略更新节点的邻接表并将邻接表限制在一定的规模内，使整个网络的规模不受节点的限制。

在一些对邻接关系有一定要求的网络中，则需要随节点的变更动态调整系统拓扑。如集团网（CliqueNet）和食草动物（Herbivore）等基于 DC-Net 的匿名网络，通过自动分裂/合并机制将邻接节点限制在一定数量范围内以保证系统的性能。

（五）对等网络特有的安全问题

1. 自私行为

在任何对等网络系统中总会存在一些自私节点，它们与恶意节点的目标并不相同。它们的目的并不在于对系统进行破坏，而是希望能够不停从系统中获取所需要的资源，但它们却很少甚至根本不为系统提供任何资源。这种节点虽然在短时间内不会给系统带来影响，但是它们的存在及蔓延不仅会使得对等网络系统资源的减少，也会降低系统性能，长此以往甚至造成系统的瘫痪。研究表明：在一个对等网络系统中往往只有30%的节点提供了整个系统的资源，更多的节点在享受系统带来的资源时而不提供任何资源。

共享资源的使用安全涉及很常见的"Free Riding"问题，即用户希望以极少的付出或零付出来获得系统的大量资源或服务。这种现象在对等网络环境下相当普遍，也将严重降低系统的性能，使得系统更加脆弱。解决"Free Riding"问题的方法通常是为系统建立一个合理的激励机制，对对等体提供共享的行为扣分，对其下载使用服务的行为进行相应的负分审计。这种方法虽然可以解决"Free Riding"问题，但实际上也有违对等网络系统为对等体们提供便利环境的宗旨。

2. 否认和不正确反馈

恶意节点在对等网络系统中执行了一定操作，事后对这一操作给出不正确反馈。这种情况常见于信誉系统的设计中，恶意节点为了抬高或降低另外一方信誉值往往给出错误的反馈，使得另外一方的信誉值不能正确得到反映。此外，还有一种安全问题是节点成功地执行了查找操作或资源共享，但事后却对所作操作进行否认。

3. 基于对等网络的互联网隐私保护与匿名通信技术

利用对等网络无中心的特性可以为隐私保护和匿名通信提供新的技术手段。匿名性和隐私保护在很多应用场景中是非常关键的。在使用现金购物，或是参加无记名投票选举时，人们都希望能够对其他的参与者或者可能存在的窃听者隐藏自己的真实身份。在另外的一些场景中，人们又希望自己在向其他人展示自己身份的同时，阻止其他未授权的人通过通信流分析等手段发现自己的身份，例如为警方检举罪犯的目击证人。事实上，匿名性和隐私保护已经成为一个现代社会正常运行所不可缺少的一项机制，很多国家已经对隐私权进行了立法保护。

然而在现有的互联网世界中，用户的隐私状况却一直令人担忧。目前互联网网络协议不支持隐藏通信端地址的功能。能够访问路由结点的攻击者可以监控用户的流量特征，获得 IP 地址，使用一些跟踪软件甚至可以直接从 IP 地址追踪到个人用户。SSL 之类的加密机制能够防止其他人获得通信的内容，但是这些机制并不能隐藏是谁发送了这些信息。

但是，匿名通信技术如果被滥用将导致很多互联网犯罪而无法追究到匿名用户的责任。所以提供强匿名性和隐私保护的对等网络必须以不违反法律为前提，而在匿名与隐私保护和法律监控之间寻找平衡又将带来新的技术挑战。当然，前提是相关的法律法规必须进一步完善。

三、对等网络安全的未来研究方向

尽管对等网络网络的安全问题在近年来得到了迅速的发展，但仍然存在很多问题，这些问题也制约着对等网络未来应用的普及性和可行性，因此需要进一步的深入研究。

（一）对等网络安全体系结构

传统对等网络体系结构延续了结构分层原则，能够较为全面地覆盖对等网络技术和原理，在一定程度上指引着对等网络的发展。然而随着对等网络应用的兴起，安全问题的显现无疑对传统的体系结构产生了冲击。在原有体系结构下安全只是一个附加属性，这就意味着安全并不是系统设计本身需要注意的问题，只有系统需要安全时才会考虑。但是随着安全面临越来越多的挑战，原有体系结构在解决这类问题时往往不能找到合适的位置，只能在层次中添加相应的安全机制。因此，在未来的对等网络发展中针对安全问题能有新型机制去解决它，而且这些机制在从一开始设计对等网络体系结构时就已经设计好。

当然，对等网络安全体系结构并不能设计成一个固定模式，而是需要设计一个柔性的体系结构。首先由于用户的行为多种多样、千变万化，我们无法预知未来所存在的安全问题，网络中也不太可能存在"one size fit all"的技术。其次在设计体系结构时所采取措施不恰当或眼光不长远，只注重解决对等网络当前存在的安全问题，则可能会妨碍对等网络将来的发展，制约对等网络应用的普及，防火墙的引入就是一个典型问题。在对等网络中，用户需要对自己的安全负责，因此用户使用防火墙来保护自身不被他人攻击。然而用户在加入对等网络系统时会受到系统制约，这样防火墙配置设定就出现了矛盾性问题：到底是由用户设置自身策略还是要根据对等网络系统要求重新设定。因此对等网络安全体系结构必须是柔性的，能够根据特定场合适应特定需求，同时随着对等网络的发展，它能实时地容纳新型对等网络安全问题，并能有效地去应对这种问题。

（二）安全信誉系统设计

信誉机制的引入为对等网络应用提供了更大的发展空间，它从一定程度上缓解了对等网络中由于缺少集中服务器管理带来的相互之间不信任的问题。信誉系统的建立能够有效地保证对等网络系统中资源可靠性，减少系统中自私行为和恶意行为造成的危害，对系统的正常运行起到良好的作用。

目前已经设计了很多信誉系统，然而这些系统或多或少都存在一些问题，这也是在未来的信誉系统设计中需要解决的。

①节点标识问题：信誉系统的基础是建立在双方有着稳定标识的基础之上，这样服务提供方的信誉值才能获取到并能保存。现在很多信誉系统并没有给出这种稳定标识产生的方法，只是假设在这种稳定标识已经存在的基础上进行设计。对于一个信誉系统来说，网络节点绑定其标识的时间越长，越有利于信誉系统的运行。一般在信誉系统中，通常对新标识节点赋予较低的声誉或者对其征收一定费用，使得恶意节点无法轻易通过更换节点标识来达到欺骗的目的。然而对于一个结构化对等网络来说，每次节点加入该系统时都会哈希出一个新的标识，在这种情况下，节点原有信誉值也就不能得到恢复。因此可以考虑采用公私钥对，节点每次加入系统虽然标识不同，但通过利用与系统中某个证书颁发机构的认证从而获取其原有信誉值，但是这种中心节点的引入带来了潜在的性能瓶颈和故障点。

②信誉信息的内涵属性：在收集服务提供方相关信誉信息的过程中，如果多个服务提供方的信誉计算结果接近，此时可以考虑根据其信誉信息表达出来的节点多个特性来选择，比如从信誉信息中反映出来的延时、带宽、传输速度等参数来决定最后的选择。现在很多信誉系统并没有考虑信誉信息的内涵属性，当然信誉信息的所包含的信誉值也一定程度上是这些参数综合反映的结果，但是如果信誉信息能够更加详细地反映出这些参数分别的具体结果，那么节点在选择服务提供方时能够根据具体需求进行选择。

③对信誉系统的攻击：很多信誉系统对恶意节点在对等网络系统中产生的各种各样的攻击提出了解决方案并进行了详细设计，然而他们却忽视了恶意节点对信誉系统本身的攻击，这主要包括对节点信誉值的恶意篡改、对信誉信息传输过程中的攻击（包括信息篡改、信息不正当路由），等等。当然，传统网络中解决此类问题的方法可以引入进行防范。如果是针对信誉信息的不正当路由这种 P2P 系统中存在的典型问题，需要结合安全路由技术，保证

信誉信息能够安全进行转发。

当然，信誉系统的主体设计是为了防止恶意节点和自私节点对系统正常运行造成的破坏，这其中包含了很多具体的安全问题。我们不可能设计出一个信誉系统能够保证解决所有这些问题，因此在设计信誉系统需要对系统需要解决的问题进行一个评估，在解决这些问题的情况下尽量减少其他安全问题带来的影响。

（三）安全路由

Chord、Pastry、Tapestry、CAN 等典型的路由协议自从 2001 年提出后就成为结构化对等网络中最基本通用的路由机制。它们的实现方法大致类似，如采用 SHA-1 哈希函数来获得标识符，采用路由表机制进行路由转发等。随着基于此类路由机制的对等网络应用的广泛普及，由恶意节点存在带来的不正当路由问题也日益突出，给对等网络系统安全运行带来了很大威胁。

在过去的几年中，针对路由的研究主要集中在对上述路由协议的优化，并没有新型路由协议的产生。安全路由也集中在研究如何在这些协议的基础上，通过控制节点号分配、路由表维护、路由消息转发等来尽量减少恶意节点在系统中造成的破坏。未来安全路由的研究工作需要在此基础上进行完善。新路由机制的提出也是未来结构化对等网络所需关注的热点，新的路由机制在考虑实现结构化对等网络所需的路由功能外，在设计时就要将对等网络安全作为需求，从系统的根本上解决不正当路由造成的安全威胁。

（四）安全理论与实际的融合

任何一项技术的提出首先需要进行理论上的分析和验证，随后需要经过实践的检验，对等网络技术也不例外。从对等网络技术提出开始，基于对等网络技术所开发出来的系统经过了几年的发展已经取得了不小的成功，对等网络应用也得以普及。从最初的纳普斯特所支持的网上音乐共享系统到现今流行的 eMule、BT 等文件共享软件，其中所包含的技术也越来越完善。最近几年对对等网络安全的研究也有了很多相应成果，但是这些研究成果并没有在这些共享软件中得以体现。

安全问题的解决方案在引入软件中后，势必会增加软件实现的复杂度，降低软件执行效率，同时用户在加入系统中和在系统中的行为也将受到很大程度的约束。然而对等网络正是由于其廉价性、简单性和易部署性才得到广泛应用，这就带来了一个扭斗现象，用户需要在简单易行性和安全性之间进行权衡。在设计对等网络安全问题的解决方案时尽可能地简化其复杂度，尽量在不给原有软件带来复杂性和不给用户的使用带来困难的前提下将对等网络安全研究理论引入实践中来。同时，用户在面临这种扭斗现象时也要拥有选择的权利，在实际应用中应将安全等级进行划分，让用户从中去选择适合自己的配置。

　　对等网络中的安全问题并不可能通过一种方式能够全盘解决。在实际应用过程中，需要针对具体的应用系统给出相应的解决方案，而且不同方案可能侧重的问题并不相同。目前针对具体问题的安全体系结构很多，而目前针对互联网体系结构的改造也得到广泛关注，如何将对等网络体系结构和当前互联网体系结构改造结合起来是未来所要解决的问题。从技术角度看，未来工作需要对当前技术存留的问题进行补充和完善，当然更需要将新技术引入对等网络安全工作中来。对对等网络的安全管理需要的不仅是系统运营商和对等网络技术开发者，也需要用户在其中共同努力，从而实现对等网络系统的真正安全。

参考文献

[1] 贺思德.计算机网络信息安全与应用[M].北京：清华大学出版社，2012.

[2] 李玲俐,陈晓明.网络信息安全技术[M].广州：暨南大学出版社，2012.

[3] 曾凡平.网络信息安全[M].北京：机械工业出版社，2015.

[4] 罗森林,王越,潘丽敏.网络信息安全与对抗[M].北京：国防工业出版社，2011.

[5] 耿新宇.计算机网络信息安全研究[M].天津：天津科学技术出版社，2015.

[6] 王宗兰.计算机网络信息安全防护策略探索[J].产业与科技论坛，2016，15（15）.

[7] 崔豪杰,王钟慧,史和军.计算机网络信息安全防护及相关策略探讨[J].中国新通信，2015（22）.

[8] 谭英.关于计算机网络信息安全及其防护对策的探析[J].通讯世界，2017（1）.

[9] 胡元军.计算机网络信息安全的有效防护措施[J].电子技术与软件工程，2017（7）.

[10] 吴一凡,秦志刚.计算机网络信息安全及防护策略研究[J].科技传播，2016（2）.

[11] 汪东芳,鞠杰.大数据时代计算机网络信息安全及防护策略研究[J].无线互联科技，2015（24）.